Peter Temple

Unternehmenskennzahlen

200 Jahre Wiley – Wissen für Generationen

Jede Generation hat besondere Bedürfnisse und Ziele. Als Charles Wiley 1807 eine kleine Druckerei in Manhattan gründete, hatte seine Generation Aufbruchmöglichkeiten wie keine zuvor. Wiley half, die neue amerikanische Literatur zu etablieren. Etwa ein halbes Jahrhundert später, während der »zweiten industriellen Revolution« in den Vereinigten Staaten, konzentrierte sich die nächste Generation auf den Aufbau dieser industriellen Zukunft. Wiley bot die notwendigen Fachinformationen für Techniker, Ingenieure und Wissenschaftler. Das ganze 20. Jahrhundert wurde durch die Internationalisierung vieler Beziehungen geprägt – auch Wiley verstärkte seine verlegerischen Aktivitäten und schuf ein internationales Netzwerk, um den Austausch von Ideen, Informationen und Wissen rund um den Globus zu unterstützen.

Wiley begleitete während der vergangenen 200 Jahre jede Generation auf ihrer Reise und fördert heute den weltweit vernetzten Informationsfluss, damit auch die Ansprüche unserer global wirkenden Generation erfüllt werden und sie ihr Ziel erreicht. Immer rascher verändert sich unsere Welt, und es entstehen neue Technologien, die unser Leben und Lernen zum Teil tiefgreifend verändern. Beständig nimmt Wiley diese Herausforderungen an und stellt für Sie das notwendige Wissen bereit, das Sie neue Welten, neue Möglichkeiten und neue Gelegenheiten erschließen lässt.

Generationen kommen und gehen: Aber Sie können sich darauf verlassen, dass Wiley Sie als beständiger und zuverlässiger Partner mit dem notwendigen Wissen versorgt.

William J. Pesce
President and Chief Executive Officer

Peter Booth Wiley
Chairman of the Board

Peter Temple

Unternehmenskennzahlen

Deutsch von Petra Pyka

WILEY-VCH Verlag GmbH & Co. KGaA

2. Auflage 2007

Alle Bücher von Wiley-VCH werden sorgfältig erarbeitet. Dennoch übernehmen Autoren, Herausgeber und Verlag in keinem Fall, einschließlich des vorliegenden Werkes, für die Richtigkeit von Angaben, Hinweisen und Ratschlägen sowie für eventuelle Druckfehler irgendeine Haftung

**Bibliografische Information
der Deutschen Nationalbibliothek**
Die Deutsche Nationalbibliothek verzeichnet diese Publikation in der Deutschen Nationalbibliografie; detaillierte bibliografische Daten sind im Internet über http://dnb.d-nb.de abrufbar.

Die englische Originalausgabe erschien 2002 bei John Wiley & Sons (Asia), Singapur unter dem Titel Magic Numbers. All rights reserved.

Authorized translation from the English language edition published by John Wiley & Sons Pte Ltd.

© 2002 by John Wiley & Sons (Asia), Pte Ltd.

Die erste deutsche Auflage erschien 2002 unter dem Titel *Magische Zahlen*.

© 2007 WILEY-VCH Verlag GmbH & Co. KGaA, Weinheim

Printed in the Federal Republic of Germany

Gedruckt auf säurefreiem Papier.

Lektorat   Dr. Ute Gräber-Seißinger, Lektoratsbüro SatzReif, Bad Vilbel
Satz   TypoDesign Hecker GmbH, Leimen
Druck und Bindung   Ebner & Spiegel GmbH, Ulm
Umschlag   init GmbH, Bielefeld
Wiley Bicentennial Logo   Richard J. Pacifico

ISBN   978-3-527-50298-1

Inhalt

Unternehmenskennzahlen. Peter Temple.
Copyright © 2007 WILEY-VCH Verlag GmbH & Co. KGaA, Weinheim
ISBN 978-3-527-50298-1

o Einführung

Wie Ihnen Unternehmenskennzahlen weiterhelfen

Sind Sie schon einmal in einem Zeitungsartikel über finanzwirtschaftliche Fachausdrücke gestolpert, mit denen Sie nichts anfangen konnten? Haben Sie sich je gewünscht zu wissen, wie man Geschäftsberichte von Unternehmen interpretiert? Haben Sie schon einmal gedacht, dass es doch einen einfachen Weg geben muss, ein »Gefühl« für den Wert eines Unternehmens zu bekommen? Nur durch ein paar einfache Berechnungen?

Wenn Sie auch nur eine dieser Fragen mit »Ja« beantwortet haben, dann kann Ihnen dieses Buch weiterhelfen. *Unternehmenskennzahlen* räumt auf mit Fachchinesisch und zeigt Ihnen anhand einfacher Beispiele aus authentischen Jahresabschlüssen von Unternehmen, wie Sie die 33 Kennzahlen berechnen, die für die Bewertung der Aktien eines Unternehmens oder seiner finanziellen Situation entscheidend sind.

Dabei müssen Sie kein Expertenwissen haben, um dieses Buch zu verstehen. Jeder betriebswirtschaftliche Begriff, den wir verwenden, wird in einfachen Worten erklärt. Wir gehen auch auf terminologische Unterschiede ein, die sich aus den Geschäftsberichten von Unternehmen aus verschiedenen Ländern ergeben.

Alles, was Sie mitbringen müssen, ist ein grundlegendes Verständnis der Funktion von Zahlen und Arithmetik, eine Portion Neugier und die Fähigkeit, einen Taschenrechner zu benutzen.

Kennzahlen, Unternehmen und der Aktienmarkt

Zahlen, die von Börsenanalysten und -kommentatoren als griffige Kennzahlen für die Bewertung und die finanzielle Situation von Unternehmen verwendet werden, entstammen häufig einem Bereich, in dem sich Aktienkurs und veröffentlichte Jahresabschlüsse von Unternehmen berühren.

Ob eine Aktie über- oder unterbewertet ist, verrät oft ein Blick auf den Aktienkurs. Er ist ein Indikator für den Wert, den die Börse einem Unterneh-

Unternehmenskennzahlen. Peter Temple.
Copyright © 2007 WILEY-VCH Verlag GmbH & Co. KGaA, Weinheim
ISBN 978-3-527-50298-1

men beimisst. Was der Wirtschaftsprüfer dazu sagen würde, ist im zugrunde liegenden Wert, den Gewinnen und den Vermögensgegenständen verborgen.

Ein Vergleich das Markturteils mit den objektiven Zahlen, die die Finanzabteilung ermittelt hat, sollte Ihnen helfen herauszufinden, ob eine Aktie billig oder teuer ist oder ob ihr Kurs vielleicht irgendwo dazwischenliegt.

Genauso wichtig ist die Möglichkeit, anhand der »Unternehmenskennzahlen« die Werte von Unternehmen oder Aktien miteinander zu vergleichen. Hieraus ergibt sich ein weiterer Anhaltspunkt dafür, ob die Aktien billig, teuer oder zum angemessenen Preis zu haben sind – zumindest gegenüber vergleichbaren Unternehmen.

Die in diesem Buch dargestellten »Unternehmenskennzahlen« können sämtlich mithilfe eines einfachen Taschenrechners ermittelt werden. Den Aktienkurs entnehmen Sie einer Tageszeitung, Informationen über die Unternehmen sind in deren Geschäftsberichten enthalten.

Am Ende dieses Buches finden Sie nähere Hinweise dazu, wie Sie sich grundlegende Unternehmensinformationen aus gedruckten Quellen und finanzwirtschaftlichen Websites beschaffen. Finanzwirtschaftliche Websites, die von den Unternehmen selbst angeboten werden, können nützliche Quellen für solche grundlegenden Informationen sein. Manche Unternehmen stellen auch ihre Geschäftsberichte ins Internet.

Die von statistischen Diensten im Web oder in Printmedien veröffentlichten Kennzahlen sind allerdings nicht hundertprozentig verlässlich. Hier gibt es manchmal Unterschiede in der Definition. Wir halten die in diesem Buch verwendeten Varianten für die besten. Außerdem geht sowieso nichts über selbst ermittelte »Unternehmenskennzahlen«. Nur so erhält man Einblicke in die Funktionsweise eines Unternehmens, und diese Einblicke sind an sich schon aussagekräftig.

Manche der in diesem Buch verwendeten Arbeitsblätter können auch aus dem Web heruntergeladen und nach Belieben eingesetzt werden (eine Auswahl finden Sie unter *www.magicnumbersbook.com*), allerdings auf eigenes Risiko. Weitere nützliche Web-Adressen enthält der Anhang.

Zum Aufbau dieses Buches

Wir haben die einzelnen Kapitel mit den »Unternehmenskennzahlen« in logischer Reihenfolge angeordnet. Dabei werden jeweils berücksichtigt:

- Marktbasierte Kennzahlen; sie werden auf der Basis des Aktienkurses und anderer relevanter Informationen aus dem Geschäftsbericht berechnet.
- Gewinnbasierte Kennzahlen; sie werden auf der Basis der Gewinn-und-Verlust-Rechnung oder Erfolgsrechnung des Unternehmens berechnet.
- Bilanzkennzahlen; sie werden auf der Basis der verschiedenen Komponenten der Aktiva und Passiva eines Unternehmens berechnet.
- Cashflowbasierte Kennzahlen; sie werden auf der Basis der Barmittelzu- und -abflüsse des Unternehmens berechnet.
- Sonstige Schlüsselkennzahlen, die sich auf Risiko und Ertrag beziehen und in der finanzwirtschaftlichen Presse Erwähnung finden.

Jedes der Kapitel zu den 33 »Unternehmenskennzahlen« enthält einen Überblick über die Kennzahl und ihre Anwendung.

Die Kapitel sind alle einheitlich gegliedert. Sie enthalten:

- eine Definition der »Unternehmenskennzahl« in Worten und Symbolen;
- eine Definition ihrer Komponenten;
- Hinweise darauf, wo die zur Berechnung nötigen Informationen zu finden sind;
- ein theoretisches Berechnungsbeispiel;
- ein praktisches Berechnungsbeispiel;
- Angaben zur Bedeutung der »magischen Zahl« und zu ihren Interpretationsmöglichkeiten.

Werden Sie die ›Unternehmenskennzahlen‹ in Zukunft häufiger einsetzen?

Garantiert! Durch die Volatilität der Märkte ist es in letzter Zeit immer schwieriger geworden, Gewinne zu machen. Die einzige Möglichkeit sicherzugehen, dass ein Anlageinstrument tatsächlich solide ist, ist die gründliche Analyse des jeweiligen Unternehmens vor dem Kauf.

Hinzu kommt die wachsende Internationalität des Investmentgeschäfts. Informationen zu internationalen Firmen werden verstärkt über das Internet zur Verfügung gestellt. Finanzabteilungen und Wirtschaftsprüfer arbeiten an der Einführung eines einheitlichen globalen Standards. Das bedeutet, dass es für Sie einen Vorsprung sein kann, wenn Sie die Kennzahlen richtig zu deuten verstehen.

Es wird zwar noch ein Weilchen dauern, bis überall die gleichen Grundsätze der Rechnungslegung angewandt werden, doch schon jetzt ist es möglich, durch bestimmte Methoden beim Einsatz von Kennzahlen Unternehmen aus verschiedenen Ländern zu vergleichen. Das erleichtert es dem Anleger, die richtige Entscheidung zu treffen, große Unternehmen vor dem Hintergrund ihres einheimischen Marktes zu beurteilen und sie mit anderen internationalen Kandidaten aus der gleichen Branche zu vergleichen.

Ist NTT billiger als British Telecom? Ist BT billiger als die Deutsche Telekom oder BellSouth? Ist NTT DoCoMo teurer als Vodafone? Die »magischen Zahlen« können darauf Antworten liefern.

Ein letztes Wort

Seien Sie skeptisch! Es gibt Unterschiede in den Vorschriften zur Rechnungslegung. Und selbst wenn es keine gibt, so haben die Unternehmen doch einen beträchtlichen Auslegungsspielraum. Differiert eine Unternehmenskennzahl unerwartet stark von der für dasselbe Unternehmen im Vorjahr berechneten Zahl oder von derselben Zahl für ein anderes Unternehmen, sollten Sie der Sache unbedingt nachgehen.

Der Grund mag in einer Veränderung der Rechnungslegungspraxis liegen oder schlicht in einem Zufall. Vielleicht ist er auch weniger offensichtlich. Er könnte zum Beispiel im Kleingedruckten des Jahresabschlusses verborgen sein. Dann ist womöglich Detektivarbeit gefragt.

Anomalien entstehen immer wieder, und oft bergen sie außergewöhnliche Investmentgelegenheiten. Ebenso können sie aber auch auf »kreative« Buchführung hindeuten, die potenzielle Probleme verschleiert. Wirkt der Geschäftsbericht ungewöhnlich komplex, ist Misstrauen angebracht. Mit wachsender Erfahrung werden Sie zwischen einer aussichtsreichen Anomalie und einem Warnsignal unterscheiden lernen.

Teil 1
Marktbasierte Unternehmenskennzahlen

Bei jeder der acht in diesem Teil des Buches behandelten Kennzahlen geht es um Möglichkeiten der Verknüpfung von Aktienkursen mit Maßzahlen aus verschiedenen Bereichen des Jahresabschlusses. Wir können sie einsetzen, um uns einen Eindruck davon zu verschaffen, ob eine Aktie billig oder teuer ist.

Nach dem Schriftsteller Oscar Wilde ist ein Zyniker »ein Mensch, der von allem den Preis kennt, doch von nichts den Wert«. An der Börse gibt es jede Menge Zyniker. Doch ein Anleger, der den Kurs mit dem Wert verwechselt, wird hundertprozentig Geld verlieren.

Ein niedriger Kurs heißt noch lange nicht, dass eine Aktie wirklich ein Schnäppchen ist. Genauso kann eine Aktie mit einem hohen Kurs in Wirklichkeit dennoch günstig sein. Es leuchtet unschwer ein, dass Aktienkurse ohne den Abgleich mit Umsatz- und Gewinnzahlen wenig aussagekräftig sind.

Kennzahlen, die den Börsenkurs einer Aktie an solchen Daten aus den Unternehmensfinanzen festmachen, ermöglichen es Ihnen, effektiv zwischen Preis und Wert zu unterscheiden.

Die auf den Folgeseiten beschriebenen Kennzahlen tun genau das, und zwar auf unterschiedliche Art und Weise:

- Marktkapitalisierung und Unternehmenswert (EV für Enterprise Value) liegen vielen weiteren Kennzahlen zugrunde. Beide sind alternative Maßstäbe für die Größe eines Unternehmens, die bestimmt wird durch den Aktienkurs, die Anzahl der vom Unternehmen ausgegebenen Aktien, die liquiden Mittel und die Schulden.
- Das Kurs-Gewinn-Verhältnis (KGV), auch Price Earnings Ratio (PER) genannt, bringt den Aktienkurs beziehungsweise den Marktwert eines Unternehmens in Verbindung mit dem aufs Jahr gerechnet erwirtschafteten (oder prognostizierten) Gewinn.
- Price-Earnings-Growth (PEG)-Faktoren setzen das Kurs-Gewinn-Verhältnis in Bezug zum jüngsten oder erwarteten Wachstum des erwirtschafteten Gewinns.

Unternehmenskennzahlen. Peter Temple.
Copyright © 2007 WILEY-VCH Verlag GmbH & Co. KGaA, Weinheim
ISBN 978-3-527-50298-1

- Die Dividendenrendite vergleicht den Aktienkurs mit den an die Aktionäre ausbezahlten Dividenden.
- Das Verhältnis von Kurs zu Umsatz (Price to Sales Ratio oder PSR) vergleicht den Börsenwert des Unternehmens mit seinem Jahresumsatz.
- Das Verhältnis EV/EBITDA (Ertrag vor Zinsen, Steuern und Abschreibungen) stellt den »Unternehmenswert« eines Unternehmens seinem Betriebsergebnis vor Abzügen wie Zinsen und Steuern oder der Verbuchung von Abschreibungen gegenüber.
- Das Kurs-Buchwert-Verhältnis KBV (Price to Book Value oder P/BV) zielt ab auf die Beziehung zwischen dem Marktwert des Unternehmens und seinen Vermögenswerten.

Diese Unternehmenskennzahlen werden besonders häufig zur Bewertung von Aktien eingesetzt. Jede hat ihre eigene Bedeutung und jede kann verschieden stark gewichtet werden, je nach Art des zu bewertenden Unternehmens.

Für Unternehmen, die kontinuierlich wachsen, sind KGV und PEG womöglich am besten geeignet. Für Unternehmen, die nur langsam wachsen, und solche, die einen hohen Anteil des Gewinns in Form von Dividenden an die Aktionäre ausschütten, ist die Dividendenrendite vielleicht der bessere Maßstab.

Für Unternehmen, die rote Zahlen schreiben oder deren Gewinne verhältnismäßig gering ausfallen – vielleicht durch ein hohes Abschreibungsniveau oder sonstige buchführungstechnische Eingriffe –, wird häufig das Verhältnis EV/EBITDA als Kennzahl verwendet.

Bedenken Sie jedoch, dass keine dieser Maßzahlen losgelöst von den Basisdaten betrachtet werden darf, auf denen sie beruht – oder von den anderen in diesem Buch vorgestellten Unternehmenskennzahlen.

Nehmen Sie zum Beispiel das Kurs-Umsatz-Verhältnis. Dieses wird für solche Unternehmen niedriger ausfallen, die – wie Supermarktketten oder Investmentbanken – in einer Branche mit hohen Umsätzen, aber im Vergleich damit niedrigen Gewinnen tätig sind.

Die Dividendenrendite wird höher sein bei Unternehmen, deren Finanzlage Zweifel daran zulässt, dass in der absehbaren Zukunft auch weiterhin Dividenden in gleicher Höhe ausgeschüttet werden können.

Das Kurs-Buchwert-Verhältnis (Price to Book Value oder P/BV) ist ein guter Maßstab zur Einschätzung von Unternehmen mit hohem Sachvermögensanteil, doch dabei ist unbedingt auf die zur Bewertung der Aktiva eingesetzten Methoden zu achten.

Die folgenden Kapitel befassen sich eingehend mit jeder der acht in diesem Teil des Buches erläuterten Unternehmenskennzahlen. Lesen Sie, wie man sich die nötigen Daten beschafft, wie man sie berechnet und was sie aussagen.

1.1 Marktkapitalisierung

Die Definition

Die *Marktkapitalisierung* ist der Börsenwert eines Unternehmens. Sie wird berechnet, indem man die Gesamtzahl der in Umlauf befindlichen beziehungsweise ausgegebenen Aktien (oder Stammaktien) mit ihrem Kurs multipliziert.

Die Formel

Marktkapitalisierung = in Umlauf befindliche Aktien x Aktienkurs

Die Komponenten

Ausgegebene beziehungsweise in Umlauf befindliche Aktien (Stammaktien) – Aktien, die ausgegeben wurden und öffentlich gehandelt werden können. Dazu gehören auch Aktien, die sich fest in der Hand von Direktoren und ihren Familien befinden, auch wenn unwahrscheinlich ist, dass diese den Besitzer wechseln.

Manchmal werden zur Berechnung der Marktkapitalisierung auch ausgegebene Aktien in Umlauf herangezogen, die den Kurs »verwässern«. Das bedeutet, dass bei der Berechnung auch solche Aktien berücksichtigt werden, die möglicherweise in der Zukunft zusätzlich emittiert werden – etwa infolge der Ausübung von Aktienoptionen durch leitende Angestellte des Unternehmens.

Normalerweise werden die Aktien zugrunde gelegt, die sich zum Zeitpunkt der Berechnung in Umlauf befinden. Die entsprechende Anzahl können Sie dem Geschäftsbericht entnehmen. Die Zahl sollte jedoch um alle nach Abschluss des abgelaufenen Geschäftsjahres des Unternehmens noch emittierten Aktien berichtigt werden. So sollten beispielsweise eventuelle Aktiensplits ebenso berücksichtigt werden wie Dividenden, die in Form von Aktien anstatt in bar ausbezahlt wurden.

Aktienkurs – aktueller Marktpreis der Aktien. Das ist normalerweise der Mittelkurs zum Abschluss des vorangegangenen Börsentages.

Wo finde ich die nötigen Daten?

Ausgegebene Aktien (Stammaktien) in Umlauf – Angaben dazu finden Sie normalerweise in den Erläuterungen zum Jahresabschluss. Auf die entsprechende Erläuterung wird meist in der Konzernbilanz verwiesen. Das Stichwort, nachdem Sie Ausschau halten müssen, lautet »eingefordertes Kapital« oder ähnlich. Zu verwenden ist die Anzahl der Stammaktien zum Jahresende, nicht etwa ihr nomineller Geldwert (falls angegeben).

Ist die genaue Zahl der Aktien nicht ausgewiesen, so können Sie sie ausrechnen, indem Sie den Geldwert mit dem Nennwert der Aktien in Bezug setzen. So steht ein Geldwert von 10 Millionen Euro bei Aktien mit einem Nennwert von 1 Euro für 10 Millionen Aktien (10 Millionen Aktien mit einem Nennwert von 1 Euro haben einen nominellen Geldwert von 10 Millionen Euro).

Nicht verwenden sollten Sie die Anzahl der Aktien, die zur Berechnung des Ertrags pro Aktie herangezogen wird. Das ist normalerweise ein aufs Jahr berechneter Durchschnittswert, nicht die aktuelle Stichtagszahl.

Aktienkurs – in jeder beliebigen Tageszeitung oder Finanz-Website. Passen Sie auf, dass Sie auch tatsächlich den Aktienkurs verwenden und nicht eventuell die Kurse von Optionen, Optionsscheinen, teileingezahlten Aktien oder sonstigen Derivaten. Achten Sie auch darauf, in welcher Einheit der Aktienkurs angegeben ist. In Großbritannien beispielsweise werden Aktien traditionell in Pence notiert. Soll die Marktkapitalisierung in Pfund ausgedrückt werden, ist das bei der Berechnung entsprechend zu berücksichtigen.

Die Berechnung – die Theorie

Abbildung 1.1 zeigt die verschiedenen Zahlen, die dem Jahresabschluss zu entnehmen sind, und ihren Einsatz bei der Berechnung von Kennzahlen.

Abbildung 1.1 Berechnung der Kennzahl »Marktkapitalisierung«

Universal Widgets hat:	
Aktien in Umlauf	50 Mio.
Aktienkurs	£ 2,50
Marktkapitalisierung	**£ 125 Mio.**
(Rechenweg)	(50 × 2,5)

Die Bedeutung

Die Marktkapitalisierung ist ein Barometer für den Gesamtwert eines Unternehmens. Darüber hinaus hat die Position des Unternehmens hinsichtlich seiner Marktkapitalisierung Einfluss auf den Aktienmarktindex, in dem es erfasst ist, und auch auf seine Gewichtung innerhalb dieser Benchmark (das heißt des den Gesamtmarkt repräsentierenden Vergleichsmaßstabs).

Die meisten der großen Aktienmarktindizes werden gebildet, indem die Kurse der einzelnen Aktien mit der Marktkapitalisierung der betreffenden Unternehmen gewichtet werden: je größer das Unternehmen, desto stärker sein Einfluss auf den Index. Die Unternehmen möchten ihren Marktwert gern so hoch wie möglich angesetzt sehen. Sind sie groß genug, um in den Benchmark-Index der führenden Unternehmen des Marktes aufgenommen zu werden, bringt das gewöhnlich eine Aufwertung von Status und Prestige mit sich. In der Praxis bedeutet es, dass die jeweilige Aktie in indexorientierten Produkten berücksichtigt wird (zum Beispiel bei Investmentfonds, die einen bestimmten Index nachbilden). Das heißt wiederum, dass sie von einflussreichen Großinvestoren stärker nachgefragt wird.

Die Marktkapitalisierung ermöglicht außerdem einen direkten Vergleich des Gesamtwerts des Unternehmens mit den Gewinn- und Umsatzzahlen, die an anderer Stelle im Jahresabschluss des Unternehmens enthalten sind, ohne dass man die Zahlen dazu auf Werte pro Aktie zurückrechnen müsste. Siehe das Kapitel zum »Kurs-Umsatz-Verhältnis«.

Abbildung 1.2 zeigt, wie die fett gedruckten Zahlen aus dem Jahresabschluss von Yahoo! zu den Kennzahlen kombiniert werden. Das Unternehmen stellt auf seiner Website noch mehr Informationen zur Verfügung *(www.yahoo.com)*. Yahoo! ist ein globales, internetbasiertes amerikanisches Telekommunikations-, Handels- und Medienunternehmen.

Abbildung 1.2 Die Berechnung der Marktkapitalisierung auf der Basis des Jahresabschlusses von Yahoo! für 1999

Die Zahlen ... (in Tausend)	31. Dez. 1999	31. Dez. 1998
Aktiva (S. 33 im veröffentlichten Jahresabschluss von Yahoo!)		
Umlaufvermögen		
Liquide Mittel	**233 951**	230 961
Kurzfristige Anlagen	**638 508**	314 822
Eigenkapital		
Vorzugsaktien zum Nennwert von $0,001; 10 000 genehmigt, keine ausgegeben oder in Umlauf	**0**	0
Stammaktien zum Nennwert von $0,001: 900 000 genehmigt, **532 798** bzw. 479 988 ausgegeben und in Umlauf	**533**	498
Aktienkurs von Yahoo!	**$57**	
Die Berechnung ...		
Marktkapitalisierung (Rechenweg)	**$30 369 Mio.** 532 798 000 ×57)	

Die besagten 532 798 Millionen Aktien von Yahoo! werden mit dem Aktienkurs von 57 US-Dollar multipliziert.

Die Angaben zur Anzahl an Stammaktien sind verwirrend. Die Anzahl der Aktien beträgt 532 798 000, nicht etwa 532 798, denn es wird eigens darauf hingewiesen, dass die Zahlen in Abbildung 1.2 in Tausend angegeben werden. Multipliziert man die niedrigere Zahl mit dem Aktienkurs von 57 US-Dollar, so ergäbe das eine Marktkapitalisierung von nur 30 Millionen US-Dollar. Logisch, dass das für ein Großunternehmen wie Yahoo! zu wenig ist.

1.2 Unternehmenswert

Die Definition

Der *Unternehmenswert* (Enterprise Value, oft abgekürzt zu EV) berichtigt die Marktkapitalisierung – wie im vorangegangenen Kapitel beschrieben – um den Saldo an Zahlungsmitteln beziehungsweise Schulden des Unternehmens. Hat ein Unternehmen mehr Schulden als flüssige Mittel, steigt die Marktkapitalisierung um die Differenz zwischen den beiden Zahlen. Übersteigen die liquiden Mittel die Schulden, so reduziert sich der Unternehmenswert um diesen Betrag.

Die Formel

EV = Marktkapitalisierung + Fremdkapital – Gesamtbestand an flüssigen Mitteln

Die Komponenten

Ausgegebene in Umlauf befindliche Aktien (Stammaktien) – Aktien, die ausgegeben wurden und öffentlich gehandelt werden. Siehe ausführliche Definition im vorangegangenen Kapitel.

Aktienkurs – Aktueller Marktkurs der Aktien, normalerweise der Mittelkurs zum Abschluss des vorangegangenen Börsentages.

Fremdkapital – Summe der lang- und kurzfristigen Verbindlichkeiten, die vom Unternehmen und seinen Tochterfirmen eingegangen wurden und geschuldet werden. Dazu gehören beispielsweise Bankkredite und Überziehungen, mittel- und langfristige Darlehen (besichert oder unbesichert), Anleihen sowie sämtliche sonstige Schuldtitel dieser Art.

Flüssige Mittel – Bankguthaben des Unternehmens sowie alle liquiden Anlagen, die unverzüglich in Bargeld umgewandelt werden können. Dazu zählen üblicherweise zum Beispiel Einlagenzertifikate und sonstige liquide Anlagen. Investitionen in Aktien oder andere Wertpapiere, deren Wert von einem Tag auf den anderen stark schwanken kann, gehören nicht dazu.

Wo finde ich die nötigen Daten?

Ausgegebene Aktien (Stammaktien) in Umlauf – in den Erläuterungen zum Jahresabschluss. Ein Hinweis auf die entsprechende Erläuterung in der Konzernbilanz sollte über das Stichwort »eingefordertes Kapital« oder ähnlich erschließbar sein. Siehe ausführliche Definition im vorangegangenen Kapitel.

Aktienkurs – in jeder beliebigen Tageszeitung oder Finanz-Website. Passen Sie auf, dass Sie auch tatsächlich den Aktienkurs verwenden und nicht eventuell die Kurse von Optionen, Optionsscheinen, nicht voll eingelösten Aktien oder sonstigen Derivaten.

Fremdkapital – in der konsolidierten (oder Konzern-) Bilanz unter der Überschrift »Verbindlichkeiten«, »Kreditoren« oder »kurzfristige Verbindlichkeiten« (bei kurzfristigen Schulden). Angaben zu mittel- und langfristigen Verbindlichkeiten finden Sie weiter unten. Möglicherweise müssen Sie die entsprechende Erläuterung zum Jahresabschluss berücksichtigen. Das Fremdkapital setzt sich unter Umständen aus zwei oder drei relevanten Posten zusammen, die getrennt zu ermitteln sind.

Flüssige Mittel – aus der konsolidierten (oder Konzern-) Bilanz unter der Überschrift »Umlaufvermögen«.

Die Berechnung – die Theorie

Abbildung 2.1 zeigt die verschiedenen Zahlen, die dem Jahresabschluss zu entnehmen sind, und ihren Einsatz bei der Berechnung von Kennzahlen.

Abbildung 2.1 Berechnung des Unternehmenswertes

Universal Widgets hat:	
Marktkapitalisierung	£125 Mio.
kurzfristige Verbindlichkeiten	£25 Mio.
langfristige Verbindlichkeiten	£25 Mio.
liquide Mittel	£10 Mio.
Unternehmenswert	**£165 Mio.**
(Rechenweg)	(125 + 25 + 25 – 10)

Abbildung 2.2 zeigt, wie die fett gedruckten Zahlen aus diesem Auszug aus dem Jahresabschluss von NTT zur Ermittlung des Unternehmenswertes kombiniert werden. NTT (*www.ntt.co.jp*) ist die größte japanische Telefongesellschaft.

Abbildung 2.2 Die Berechnung des Unternehmenswertes auf der Basis des Jahresabschlusses von NTT für 2000

Die Zahlen ... (in Mio. ¥)	31. März 1999	2000
Aktiva (S. 38 im veröffentlichten Jahresabschluss von NTT)		
Umlaufvermögen		
Liquide Mittel	1 656 672	**1 155 274**
Kurzfristige Verbindlichkeiten		
kurzfristige Kredite	235 180	**410 305**
kurzfristig fälliger Anteil langfristiger Verbindlichkeiten	848 562	**868 648**
Langfristige Verbindlichkeiten	4 558 358	**4 239 088**
Eigenkapital (S. 39) Stammaktien zum Nennwert von 50 000 Yen; 62 400 000 Aktien genehmigt; emittiert und in Umlauf: 15 912 000 Aktien in 1999 **15 834 590** Aktien in 2000	795 600	795 600
Aktienkurs von NTT in 2002		**¥900 000**
Die Berechnungen ...		
Marktkapitalsierung (Rechenweg)		**¥14 252 Mrd.** (15 835 Mio. × 900 000)
Die besagten 15 835 Millionen Aktien von NTT werden mit dem Aktienkurs von 900 000 Yen multipliziert.		
Unternehmenswert (Rechenweg)		**¥18 615 Mrd.** (14 252 + 4 239 + 869 + 410 − 1 155, jeweils drei Stellen weggelassen)

Das entspricht der Marktkapitalisierung von NTT von 14 252 Milliarden Yen plus kurzfristigen Krediten, kurzfristig fälligem Anteil an langfristigen Verbindlichkeiten und langfristigen Verbindlichkeiten, abzüglich der liquiden Mittel.

Bei NTT sind alle Zahlen vorn in der Bilanz enthalten. Es besteht daher keine Notwendigkeit, in den Erläuterungen nachzustöbern. Das Problem bei der Berechnung liegt hier im hohen Aktienkurs. Sie müssen besonders Acht geben, dass Sie nicht Äpfel mit Birnen vergleichen, wenn Sie die Marktkapitalisierung berechnen und die entsprechenden Bilanzwerte ermitteln.

Leichter wird es, wenn Sie bei der Berechnung die Tausender weglassen und die Zahlen entsprechend runden. So können Sie mit überschaubaren Werten in der Größenordnung von einer Milliarde Yen rechnen. Sie können die Berechnung dann mit vier- bis fünfstelligen Zahlen durchführen. Ob Sie richtig gerechnet haben, lässt sich rasch prüfen, indem Sie den resultierenden Unternehmenswert mit dem Umsatz vergleichen. Diese Zahl – nämlich 10 383 Milliarden Yen – entnehmen Sie der Gewinn-und-Verlust-Rechnung.

Danach sieht es so aus, als sei Ihre EV-Berechnung korrekt. Bei großen Telekommunikationsgesellschaften sollten diese Zahlen ungefähr in derselben Größenordnung liegen, und das ist hier der Fall.

Die Bedeutung

Der Unternehmenswert hat eine ähnliche Funktion wie die Marktkapitalisierung. Die beiden Größen unterscheiden sich insofern, als die Marktkapitalisierung ausschließlich auf dem Vermögen der Aktionäre des Unternehmens beruht, also dem Eigenkapital, während beim Unternehmenswert auch Bankguthaben und Fremdmittel berücksichtigt werden.

Man verwendet den Unternehmenswert, um Unternehmen anhand eines Maßstabs zu vergleichen, bei dem gezahlte oder eingenommene Zinsen berücksichtigt werden. Fließen Zinsen, die für Fremdmittel bezahlt werden müssen (oder auf Guthaben eingenommen werden), nicht in die Gewinngrößen ein, so muss die Marktkapitalisierung eines Unternehmens dergestalt berichtigt werden, dass die Auswirkungen von Schulden (oder liquiden Mitteln) auf den Gesamtwert berücksichtigt werden.

Der eigentliche Wert dieser Unternehmenskennzahl besteht darin, dass sie es Ihnen ermöglicht, Unternehmen auf der Grundlage fundamentaler Bedingungen zu vergleichen, ungeachtet der Einflüsse ihrer Kapitalstruktur (des in der Bilanz ausgewiesenen Fremdkapitals oder der liquiden Mittel). Auf diese Weise lassen sich auch Unternehmen mit völlig unterschiedlicher Kapitalstruktur vergleichen, ohne dass die Art und Weise ihrer Finanzierung dabei im Wege steht.

Wir haben es hier mit den Grundbausteinen für jede finanzwirtschaftliche Bewertung zu tun, auf die wir an anderer Stelle noch zurückkommen werden.

1.3 Kurs-Gewinn-Verhältnis

Die Definition

Das *Kurs-Gewinn-Verhältnis*, kurz KGV (oder englisch Price Earnings Ratio beziehungsweise P/E oder PER), stellt das gängigste Werkzeug zur Bewertung einer Aktie dar. Es wird berechnet, indem man den Aktienkurs durch den Ertrag pro Aktie teilt. Der *Ertrag pro Aktie* (Earnings per Share oder EPS) ist der auf die Stammaktionäre entfallende Anteil am Betriebsgewinn, geteilt durch die Anzahl der ausgegebenen Aktien.

Die Formeln

KGV = Aktienkurs/Ertrag pro Aktie

Ertrag pro Aktie (EPS) = Betriebsgewinn/ausgegebene Aktien in Umlauf

Die Komponenten

Aktienkurs – der aktuelle Marktpreis der Aktien, gewöhnlich der Mittelkurs zum Abschluss des vorangegangenen Börsentages.

Betriebsgewinn – Gewinn, der nach Abzug von Steuern und Gewinnanteilen von Minderheitsbeteiligten auf die Aktionäre entfällt. Gewinnanteile von Minderheitsbeteiligten fallen an, wenn Gewinne Anteilseignern an Tochtergesellschaften zustehen, die nicht zu 100 Prozent in Unternehmensbesitz sind.

Ausgegebene Aktien (Stammaktien) in Umlauf – Aktien, die ausgegeben wurden und öffentlich gehandelt werden. Dazu gehören auch Aktien, die sich »fest« in der Hand von Direktoren und deren Familien befinden, auch wenn unwahrscheinlich ist, dass diese den Besitzer wechseln.

Manchmal wird der Ertrag auf der Grundlage »vollständig verwässerter« ausgegebener Aktien in Umlauf berechnet. Dabei werden zusätzliche Aktien berücksichtigt, die infolge der Ausübung von Aktienoptionen durch Führungskräfte oder andere Effekte zukünftig emittiert werden könnten.

Für die Berechnung des Ertrags pro Aktie wird normalerweise ein »gewichteter Durchschnitt« der Anzahl ausgegebener Aktien herangezogen. Darunter ist die durchschnittliche Zahl von emittierten Aktien in dem Zeitraum zu verstehen, in dem der Ertrag erwirtschaftet wurde, wobei die in diesem Zeitraum neu emittierten Aktien entsprechend ihres Emissionszeitpunkts besonders gewichtet werden. Neue Aktien, die zu Beginn des Jahres emittiert wurden, haben mehr Gewicht als solche, die zum Jahresende ausgegeben wurden. Eine ausführlichere Erläuterung dieses Konzepts finden Sie in dem Kapitel zur Unternehmenskennzahl »Ertrag pro Aktie«.

Wo finde ich die nötigen Daten?

Aktienkurs – in jeder beliebigen Tageszeitung oder Finanz-Website. Passen Sie auf, dass Sie auch tatsächlich den Aktienkurs verwenden und nicht eventuell die Kurse von Optionen, Optionsscheinen, nicht voll eingelösten Aktien oder sonstigen Derivaten.

Betriebsgewinn – Den Betriebsgewinn entnehmen Sie der Gewinn-und-Verlust-Rechnung (Erfolgsrechnung). Er ist normalerweise ganz unten auf der Seite zu finden. Dabei ist der auf Stammaktionäre entfallende Gewinn einzusetzen, also der Gewinn vor Abzug von Dividendenausschüttungen auf Stammaktien.

Ertrag pro Aktie – Dieser wird gewöhnlich separat ausgewiesen, und zwar unmittelbar unter der Angabe zum Betriebsergebnis. Gibt es Verwässerungseffekte durch wahrscheinliche zukünftige Emission neuer Aktien – etwa infolge der Ausübung von Aktienoptionen durch Führungskräfte –, so ist unter Umständen der Ertrag pro Aktie unter Berücksichtigung dieses Faktors separat ausgewiesen.

Ausgegebene Aktien (Stammaktien) in Umlauf – Detaillierte Angaben zur Berechnung des Ertrags pro Aktie finden Sie gewöhnlich in den Erläuterungen zum Jahresabschluss. Ein entsprechender Verweis auf diese Erläuterungen ist in der Erfolgsrechnung enthalten. In diesen Erläuterungen wird häufig der gewichtete Durchschnitt an ausgegebenen Aktien angegeben, der der Berechnung zugrunde gelegt wurde.

Die Berechnung – die Theorie

Abbildung 3.1 zeigt die verschiedenen Zahlen, die dem Jahresabschluss zu entnehmen sind, und ihren Einsatz bei der Berechnung der Kennzahl.

Universal Widgets hat:

Betriebsgewinn	$100 Mio.
Gewichteter Durchschnitt ausgegebener Aktien	20 Mio.
Ertrag pro Aktie	$5 pro Aktie
(Rechenweg)	(100/20)
Aktienkurs	$80
Kurs-Gewinn-Verhältnis (KGV)	**16**
(Rechenweg)	(80/5)

Berechnung für DAIMLERCHRYSLER

Abbildung 3.2 zeigt, wie die fett gedruckten Zahlen aus dem Jahresabschluss des deutsch-amerikanischen Autoherstellers DaimlerChrysler zur Kennzahl »Dividendenrendite« kombiniert werden. Die Website des Unternehmens – *www.daimlerchrysler.de* – bietet weitere Informationen.

Abbildung 3.2 Die Berechnung des KGV auf der Basis des Jahresabschlusses von DaimlerChrysler für 1999

Die Zahlen ... (in Mio., ausgenommen Angaben zu Aktien)	Konsolidiert (in Euro) für das Jahr bis zum 31. Dezember	
	1999	**1998**
Ergebnis vor außerordentlichem Ergebnis (siehe S. 72 im veröffentlichten Jahresabschluss von DaimlerChrysler)	**5 106**	**4 949**

Außerordentliches Ergebnis
  Ertrag aus dem Verkauf einer Beteiligung,
  nach Steuern
	659	0

Verluste aus vorzeitiger Tilgung von Verbindlichkeiten	–19	–129
Konzern-Jahresüberschuss	**5 746**	**4 820**

Ergebnis je Aktie

Ergebnis vor außerordentlichem Ergebnis	**5,09**	5,16
Außerordentliches Ergebnis	0,64	–0,13
Konzern-Jahresüberschuss	5,73	5,03

Ergebnis je Aktie (voll verwässert)

Ergebnis vor außerordentlichem Ergebnis	5,06	5,04
Außerordentliches Ergebnis	0,63	–0,13
Konzern-Jahresüberschuss	**5,69**	4,91

Anm. 31 (S. 108)

Gewogener Durchschnitt der ausgegebenen Aktien –	**1 002,9**	959,3
Verwässerungseffekt der Wandel- und Options-schuldverschreibungen	10,7	19,8
Aktien aus unterstellter Ausübung von verwässernden Optionen	0	18,3
Aufgrund von Optionen erworbene Aktien	0	–11,8
Verwässerungseffekt aus Vorzugsaktien	0	0,2
Verwässerungseffekt aus bedingt auszugebenden Aktien	0	1,3
Gewogener Durchschnitt der ausgegebenen Aktien – nach Verwässerung	1 013,6	987,1

Aktienkurs von DaimlerChrysler in 2002	**€ 50,5**

Die Berechnung ...

Kurs-Gewinn-Verhältnis (unverwässert vor außerordentlichem Ergebnis)	**9,92**
(Rechenweg)	(50,5/5,09)

Der Kurs der DaimlerChrysler-Aktie wird geteilt durch das »unverwässerte« Ergebnis vor außerordentlichem Ergebnis.

Kurs-Gewinn-Verhältnis (voll verwässert nach außerordentlichem Ergebnis)	**8,88**
(Rechenweg)	(50,5/5,69)

Der Kurs der DaimlerChrysler-Aktie wird geteilt durch das »verwässerte« Jahresergebnis je Aktie.

Daran zeigt sich, wie vielschichtig der Begriff »Ertrag pro Aktie« ist und damit auch das Kurs-Gewinn-Verhältnis. Der Aktienkurs bleibt immer der Gleiche, doch die Berechnung des Kurs-Gewinn-Verhältnisses variiert, je nachdem, welche Definition für den Ertrag pro Aktie zugrunde gelegt wird.

Das außerordentliche Ergebnis ist per definitionem eine Abnormität, weshalb es mit Fug und Recht aus der Ertragsberechnung ausgeklammert werden kann. Es kommt jedoch vor, dass die Manager hier Posten berücksichtigen, die zwar nicht außerordentlich sind, sich jedoch anderweitig auf den Ertrag je Aktie auswirken.

Dabei spielt eine Rolle, mit welcher Wahrscheinlichkeit solche Posten sich jedes Jahr wiederholen. Ist sie hoch, so ist der entsprechende Posten nicht als außergewöhnlich anzusehen.

Normalerweise wird im Nenner unseres Bruches das Jahresergebnis pro Aktie vor außerordentlichem Ergebnis eingesetzt. Das verwässerte Ergebnis pro Aktie wird manchmal verwendet, wenn sich dadurch ein großer Unterschied ergibt.

Die Bedeutung

Das KGV ist für Analysten wie Investoren eine Schlüsselkennzahl. Eine Lesart betrachtet es als Maß für die Anzahl von Jahren, die benötigt werden, um den für die Aktie gezahlten Preis bei gleich bleibendem Gewinn durch den erwirtschafteten Ertrag wieder hereinzuholen. Diese Lesart gilt jedoch nur auf dem Papier, denn schließlich entfällt der Gewinn nur zu einem Teil auf die Aktionäre.

Eine weitere Definition des KGV besagt, dass es sich dabei um das Verhältnis zwischen dem Marktwert eines Unternehmens (siehe Unternehmenskennzahl »Kurs-Gewinn-Verhältnis«) und seinem Gewinn nach Steuern handelt.

Das KGV ermöglicht die Gegenüberstellung von Unternehmen ungeachtet ihrer Größe. Dieses Konzept bringt sie sozusagen zurück auf eine gemeinsame Währung. Das ist deshalb so bedeutsam, weil man auf diese Weise zum Beispiel die Börsenbewertung eines einzelnen Unternehmens mit derjenigen seiner Konkurrenten und des gesamten Marktes vergleichen kann. Bei der Erstellung von Aktienmarktindizes werden KGVs für den gesamten Index und auch für sektoral definierte Gruppen berechnet. So kann der Investor ablesen, wie sich der Wert eines Unternehmens im Vergleich zum Gesamtmarkt darstellt.

Oft werden bei der Berechnung des KGV Gewinnprognosen verwendet. An der Börse fließt viel Geld auf der Grundlage solcher Prognosen. Börsenanalysten werden unter anderem deshalb so hoch bezahlt, weil man ihnen die Fähigkeit unterstellt, Gewinne korrekt zu prognostizieren. Je höher die prognostizierte Wachstumsrate der Gewinne, desto höher fällt – bei sonst gleichen Bedingungen – das KGV aus.

Bleiben die Erträge dann hinter den Prognosen zurück, so bricht die Grundlage für die hohen KGVs weg und sie werden drastisch nach unten korrigiert. Dann sind nicht nur die Gewinne – und damit der Ertrag je Aktie – niedriger als erwartet, sondern auch deren Steigerungsraten. Hohe KGVs entbehren damit jeder Grundlage. Ein solcher »Doppelschlag« drückt immens auf den Kurs.

1.4 Dividendenrendite

Die Definition

Die *Dividendenrendite* ist eine Alternative zur Einschätzung des Wertes einer Aktie. Sie gibt den prozentualen Anteil am Aktienkurs an, den die jährlich an die Aktionäre ausgeschüttete Dividende ausmacht. Die Dividendenrendite wird stets brutto berechnet (das heißt zuzüglich etwaiger einbehaltener Ertragsteuern).

Die Formeln

Dividendenrendite in % = Bruttodividende pro Aktie x 100/Aktienkurs

Bruttodividende pro Aktie = Nettodividende pro Aktie x Hochrechnungsfaktor

Die Komponenten

Dividende pro Aktie – die insgesamt für das Geschäftsjahr ausgewiesenen Dividendenzahlungen. Diese können in einer, zwei oder mehreren getrennten Auszahlungen erfolgen. US-amerikanische Unternehmen kündigen ihre Dividenden normalerweise quartalsweise an. In Großbritannien und in anderen Ländern werden häufig eine Zwischendividende und dann eine (gewöhnlich höhere) Abschlussdividende ausgeschüttet. Dividendenzahlungen werden meist in Beträgen pro Aktie ausgewiesen.

Dividenden (oder Dividendensätze, nach den im Amerikanischen üblichen »dividend rates«) werden zeitgleich mit der Bekanntgabe des Finanzergebnisses angekündigt. Die endgültigen Zahlen für ein Geschäftsjahr werden mit dem Ergebnis für dieses Geschäftsjahr veröffentlicht, also erst am Anfang des darauf folgenden Geschäftsjahres.

Üblicherweise werden für die Berechnung der Dividendenrendite die Dividenden des letzten abgeschlossenen Geschäftsjahrs herangezogen. Bei US-amerikanischen Unternehmen verwendet man gewöhnlich das Vierfache der letzten angekündigten Quartalsdividende.

Aktienkurs – der aktuelle Marktpreis der Aktien, gewöhnlich der Mittelkurs zum Abschluss des vorangegangenen Börsentages.

Hochrechnungsfaktor – Diese Zahl wird berechnet mithilfe des Steuerbetrags, der *vor Auszahlung an den Investor* von den Dividenden abgezogen wurde. Die angekündigte (und im Jahresabschluss des Unternehmens ausgewiesene) Dividende ist die Nettodividende (das heißt die Dividende nach Steuern). Um den Bruttobetrag zu ermitteln, muss die Nettodividende mit dem »Hochrechnungsfaktor« multipliziert werden. Diesen berechnen Sie mit folgender Formel:

$$\text{Hochrechnungsfaktor} = 100/(100 - \text{abgezogene Steuer in Prozent der Dividende})$$

Wenn – wie beispielsweise in Großbritannien – Dividenden nach Abzug von Steuern in Höhe von 20 Prozent ausgezahlt werden, so beträgt der Hochrechnungsfaktor 100/(100–20), also 100/80 oder 1,25. Eine Nettodividende von 10 Pence pro Aktie entspricht dann einer Bruttodividende von 12,5 Pence pro Aktie. Die »hochgerechnete« Zahl wird zur Berechnung der Dividendenrendite herangezogen.

Wo finde ich die nötigen Daten?

Nettodividende – In manchen Unternehmensabschlüssen ist die Dividende pro Aktie in der Erfolgsrechnung ausgewiesen. Wenn nicht, so finden Sie sie gewöhnlich in den Erläuterungen zum Jahresabschluss. Auf die entsprechende Erläuterung sollte in der Erfolgsrechnung bei der Angabe der Aufwendungen für Dividendenzahlungen verwiesen sein.

Die Dividende pro Aktie fürs das gesamte Jahr ist auch oft in der Tabelle der »Schlüsselkennzahlen« ganz vorn oder ganz hinten im Jahresabschluss enthalten. In den Erläuterungen zum Jahresabschluss sollte die Aufteilung in Zwischen- und Abschlussdividenden beziehungsweise die quartalsweise Ausschüttung ausführlich geschildert werden.

Aktienkurs – in jeder beliebigen Tageszeitung oder Finanz-Website.

Hochrechnungsfaktor – Jeder Börsenmakler sollte Ihnen zur steuerlichen Behandlung von Dividenden Auskunft geben können. Sie können sich den Wert jedoch auch problemlos selbst ausrechnen: Berechnen Sie einfach die Dividendenrendite auf der Grundlage der Angaben im Jahresabschluss und vergleichen Sie sie mit der Renditeberechnung im Finanzteil einer Tageszeitung. Beide Berechnungen sind auf der Grundlage desselben Aktienkurses durchzuführen. Ergibt sich eine Differenz, so zeigt diese den Unterschied zwischen Brutto- und Nettozahlen. Führen Sie diesen Vergleich zur Kontrolle für zwei verschiedene Unternehmen durch.

Die Berechnung – die Theorie

Abbildung 4.1a und 4.1b zeigen die verschiedenen Zahlen, die dem Jahresabschluss zu entnehmen sind, und ihren Einsatz bei der Berechnung der Kennzahl.

Abbildung 4.1a Berechnung der Dividendenrendite (inklusive Hochrechnung auf den Bruttobetrag)

Universal Widgets hat:

Nettodividende	10 Pence
Steuersatz auf Dividendenzahlungen	20 %
Aktienkurs	250 Pence
Bruttodividendenrendite	5 %
(Rechenweg)	$((10 \times 1{,}25^* \times 100)/250)$

* 1,25 ist der Hochrechnungsfaktor von 100/(100 – 20)

Abbildung 4.1b Berechnung der Dividendenrendite (Quartalsausschüttung)

Universal Widgets hat:

Quartalsdividende	$2,50
Steuersatz auf Dividendenzahlungen	0 %
Aktienkurs	$200
Dividendenrendite	5 %
(Rechenweg)	$((2{,}50 \times 4^*) \times 100/200)$

* Quartale

Abbildung 4.2 zeigt, wie die fett gedruckten Zahlen aus dem Auszug aus dem Jahresabschluss von Great Universal Stores (GUS) zur Kennzahl »Dividentenrendite« kombiniert werden. GUS (die Webadresse lautet *www.gusplc.co.uk*) ist ein Einzelhandelsunternehmen mit Sitz in Großbritannien.

Abbildung 4.2 Die Berechnung der Dividendenrendite für Great Universal Stores auf der Basis des Jahresabschlusses für 2000

Die Zahlen ...

Erläuterung 10.	**Dividenden** (S. 51 im veröffentlichten Jahresabschluss von GUS)	**2000** £ Mio.	**1999** £ Mio.
	Zwischendividende – 6,2 Pence pro Aktie (1999 6,2 Pence)	62,4	62,4
	Angekündigte Schlussdividende – 14,4 Pence pro Aktie (1999 14,4 Pence)	144,8	144,8
	Dividendensumme – 20,6 Pence pro Aktie (1999 20,6 Pence)	207,2	207,2

Aktienkurs von Great Universal Stores in 2002	**520 Pence**

Die Berechnung ...

	Bruttodividendenrendite	**4,95 %**
(Rechenweg)		$((20{,}6 \times (100/100 - 20) \times 100/520)$

Die Dividendensumme von 20,6 Pence von GUS wird erst mit dem Hochrechnungsfaktor von 100/80 multipliziert, dann mit 100 und anschließend durch den Aktienkurs von 520 Pence geteilt.

Die Berechnung der Dividendenrendite unterscheidet sich von Markt zu Markt. In den USA wird die Dividendenrendite gemeinhin nicht auf der Grundlage der in der Vergangenheit gezahlten Beträge berechnet, sondern unter der Annahme, dass auch weiterhin Sätze in Höhe der aktuellen Quartalsdividende ausgeschüttet werden.

Angaben zu Renditen finden Sie im Finanzteil von Tageszeitungen. Berechnungen sind leicht zu überprüfen. Dennoch muss man verstanden haben, wie diese Zahlen errechnet werden.

Beachten Sie, dass die Hochrechnungsfaktoren (sofern notwendig) konstant bleiben. Sie verändern sich nur dann, wenn die Steuersätze geändert werden.

Die Bedeutung

Für die Dividendenrendite gilt mehr oder weniger das Gleiche wie für das Kurs-Gewinn-Verhältnis. Wie mit KGVs kann man auch mit Renditen Unternehmen vergleichen und auf einen gemeinsamen Nenner bringen – ungeachtet ihrer Größe.

Das ist wichtig, denn so kann man beispielsweise die Marktbeurteilung einzelner Unternehmen mit der seiner Konkurrenten, mit der des gesamten Marktes und sogar mit Renditen von festverzinslichen Wertpapieren vergleichen. Bei der Erstellung von Aktienmarktindizes werden Renditen für den gesamten Index berechnet und auch für Sektorengruppen. Daraus können Sie ersehen, wie sich die Rendite eines Unternehmens im Vergleich zum Gesamtmarkt darstellt.

Die Renditen sind auch von Bedeutung, weil sie den faktischen Barertrag darstellen, den Sie von einem Unternehmen ausbezahlt bekommen. Sie können direkt mit anderen Anlageinstrumenten verglichen werden, die Barerträge abwerfen – Staatsanleihen etwa oder Sparkonten. Die Aktienrenditen sind meist niedriger als die von Staatsanleihen. Das liegt in erster Linie daran, dass der Ertrag einer Anleihe über den vertraglich zugesicherten Zinssatz festgeschrieben ist, während Dividendenzahlungen steigen, wenn das Unternehmen höhere Gewinne macht.

Dividenden können aber auch zurückgenommen werden. Extrem hohe Renditen bergen manchmal die Gefahr einer bevorstehenden Dividendenkürzung. Ebenso sind die Renditen von Unternehmen, die langsam wachsen, oftmals höher und eher mit Rentenwerten vergleichbar, denn der Spielraum für eine Steigerung der Dividende ist eher begrenzt. Ausgesprochene Wachstumsunternehmen dagegen haben, falls überhaupt Dividenden ausgeschüttet werden, aus dem gegenläufigen Grund eher niedrige Renditen.

So mancher Anleger achtet auf eine Größe, die als »Gesamtrendite« bezeichnet wird. Unter Gesamtrendite ist die auf der Grundlage der Dividendenausschüttung des vergangenen Jahres berechnete Dividendenrendite der Aktien zuzüglich der (positiven oder negativen) Kursveränderung zu verstehen, der die Aktie im gleichen Zeitraum unterlag.

Die Gesamtrendite kann für die Zukunft geschätzt werden, wenn man davon ausgeht, dass die Aktien in zwölf Monaten noch das gleiche KGV aufweisen wie heute. Die Gesamtrendite entspricht dann der im Betrachtungszeitraum zu erwartenden Ertragssteigerung in Prozent zuzüglich der zu erwartenden Dividendenrendite. Eine solche Berechnung ist allerdings aufwändig, und das Ergebnis mit Vorsicht zu genießen.

1.5 PEG-Faktor

Die Definition

Die PEG-Ratio (PEG für Price Earnings to Growth), auch *PEG-Faktor* genannt, setzt das Kurs-Gewinn-Verhältnis (KGV) in Beziehung zum Wachstum des Unternehmensgewinns. Normalerweise wird sie auf »zukünftiger« Basis, also auf der Grundlage einer Prognose, berechnet. Das soll heißen, man teilt das auf der Basis prognostizierter Erträge ermittelte KGV durch den zu erwartenden prozentualen Anstieg des Ertrags pro Aktie. Läge das prognostizierte KGV bei 15 und es würde ein Gewinnwachstum von 20 Prozent erwartet, so betrüge der PEG-Faktor 0,75.

Die Formeln

PEG-Faktor = Kurs-Gewinn-Verhältnis/Wachstumsrate des Gewinns (in Prozent)

Prognostiziertes PEG = Kurs-Gewinn-Verhältnis (auf der Basis von Gewinnprognosen)/Wachstumsrate des Gewinns (Veränderung vom letzten Berichtsjahr zum laufenden Jahr in Prozent)

Die Komponenten

Kurs-Gewinn-Verhältnis – siehe die unter »Unternehmenswert« durchgeführten Berechnungen. Das Kurs-Gewinn-Verhältnis (KGV oder auch PER) ist der aktuelle Aktienkurs, geteilt durch den Ertrag pro Aktie. Unter einem »historischen« KGV versteht man den aktuellen Aktienkurs, geteilt durch den zuletzt ausgewiesenen Ertrag je Aktie. Ein »prognostiziertes« KGV ist der aktuelle Aktienkurs, geteilt durch den für das laufende Geschäftsjahr prognostizierten Ertrag.

Wachstumsrate des Gewinns – Damit ist *entweder* ein langfristiger Durchschnitt des in den Vorjahren erzielten Ertragszuwachses gemeint *oder* das Wachstum im letzten abgeschlossenen Geschäftsjahr im Vergleich zum vorangegangenen *oder aber* der für das laufende (noch nicht abgeschlossene) Geschäftsjahr zu erwartende Ertragszuwachs im Verhältnis zum Ertrag im letzten abgeschlossenen Geschäftsjahr.

Bei der Berechnung des PEG-Faktors muss jeweils das passende KGV mit der entsprechenden Wachstumsrate gepaart werden: historisches KGV mit historischem Wachstum beziehungsweise zukünftiges KGV mit prognostiziertem Wachstum.

Wo finde ich die nötigen Daten?

Aktienkurs – in jeder beliebigen Tageszeitung oder Finanz-Website. Achten Sie darauf, dass Sie den tatsächlichen Aktienkurs verwenden.

Ertrag pro Aktie (für das letzte abgeschlossene Geschäftsjahr oder aus früheren Jahren) – ist normalerweise am Ende der Erfolgsrechnung ausgewiesen. Die Zahlen früherer Jahre sind manchmal in den am Anfang oder am Ende des Jahresabschlusses enthaltenen Tabellen mit Schlüsselkennzahlen angegeben. Die Wachstumsrate ist dabei die prozentuale Veränderung von einem Jahr aufs nächste oder – wenn es sich um einen Zeitraum von mehr als zwei Jahren handelt – die kumulierte durchschnittliche Wachstumsrate für den Betrachtungszeitraum.

Ertrag pro Aktie (Prognose) – Hier sollte die mehrheitliche Markteinschätzung zugrunde gelegt werden. Diese findet man insbesondere für große Unternehmen bei gängigen Statistikdiensten oder auf finanzwirtschaftlichen Websites wie Yahoo! Finance. Web-Adressen einiger häufig genutzter Anbieter solcher Statistikdienste finden Sie im Anhang.

Die Berechnung – die Theorie

Abbildung 5.1 zeigt die verschiedenen Zahlen, die dem Jahresabschluss zu entnehmen sind, und ihren Einsatz bei der Berechnung der Kennzahl.

Abbildung 5.1 Berechnung des PEG-Faktors

Tokyo Widgets hat:

Geschäftsjahr bis Dezember	Abschluss 1999	Abschluss 2000	Prognose 2001
Ertrag pro Aktie für die entsprechenden Jahre	¥22	¥25	¥35
Der Zuwachs beim Ertrag pro Aktie beträgt daher (Rechenweg)		14% $((25 \times 100/22) - 100)$	40% $((35 \times 100/25) - 100)$
Aktienkurs		¥600	
Kurs-Gewinn-Verhältnis (KGV) (Rechenweg)		24,0 (600/25)	17,1 (600/35)
Der PEG-Faktor (auf der Basis des historischen KGVs und Wachstums) (Rechenweg)		1,7 (24/14)	
Der PEG-Faktor (auf der Basis des prognostizierten KGVs und Wachstums) (Rechenweg)			0,43 (17,1/40)

Abbildung 5.2 zeigt, wie die fett gedruckten Zahlen aus dem Auszug aus dem Jahresabschluss von Ajinomoto zur Kennzahl kombiniert werden. Weitere Informationen finden Sie unter *www.ajinomoto.com*. Ajinomoto ist ein japanischer Hersteller von Lebensmitteln und Aminosäureprodukten.

Abbildung 5.2 Die Berechnung des PEG-Faktors für Ajinomoto auf der Basis des Jahresabschlusses für 2000

Die Zahlen ...

Sechsjahresübersicht über ausgewählte Finanzdaten
(S. 24 im veröffentlichten Jahresabschluss

von Ajinomoto)	2000	1999	1998
Pro Aktie (in Yen)			
Ergebnis	**27,2**	**20,4**	27,7
Eigenkapital	624,6	608,9	603,0
Bardividenden	10,0	12,0	10,0
Aktienkurs von Ajinomoto in 2002		**¥1 223**	

Die Berechnung ...

PEG-Faktor (auf der Basis historischer Erträge und Zuwächse)	**1,35**
(Rechenweg)	$(1\,223/27,2)/((100 \times 27,2/20,4) - 100)$

Ajinomotos historisches KGV von 45 ($1\,223/27,2$) wird geteilt durch den Ertragszuwachs von 33 Prozent von 20,4 auf 27,2.

Sollten die Ertragszuwächse für 2001 ebenso ausfallen wie 2000, läge der Ertrag pro Aktie bei 36,3 Yen, das KGV würde auf 33,7 zurückgehen und der PEG-Faktor würde auf der Basis desselben Ertragszuwachses von 33 Prozent auf 1,01 fallen.

Das große Problem beim PEG-Faktor liegt in der verstreichenden Zeit.

Ein prognostizierter PEG-Faktor, der zu Beginn des Geschäftsjahrs ermittelt wird, beinhaltet Ertragszahlen, die sich vielleicht erst zwölf Monate später als richtig oder falsch erweisen.

Daher hat ein PEG-Faktor, der gegen Ende des Geschäftsjahres berechnet wird, auch eine ganz andere Aussagekraft. In diesem Fall wird das

Ergebnis für das entsprechende Jahr innerhalb der nächsten Wochen bekannt gegeben. Zu diesem Zeitpunkt sind in die einhelligen Prognosen bereits Informationen eingeflossen, die sich im Verlauf des Jahres herauskristallisiert haben.

Der Vergleich von PEG-Faktoren von Unternehmen mit abweichenden Wirtschaftsjahren ist aus diesem Grund besonders heikel.

Ein möglicher Ausweg ist der ausschließliche Einsatz von PEG-Faktoren, die auf der Grundlage ausgewiesenen Ertragswachstums berechnet wurden.

Hier gibt es zwei verschiedene Möglichkeiten. Sie können entweder eine aktuelle Berechnung der Erträge und des Ertragswachstums durch Addieren der beiden letzten abgeschlossenen Halbjahre oder der vier letzten abgeschlossenen Quartale durchführen, um so möglichst zeitnahe Werte zu erhalten. Oder Sie arbeiten mit einem langfristigen Durchschnitt des Ertragswachstums, sagen wir über die letzten fünf Jahre. So oder so gestaltet sich die Rechnung kompliziert.

Es gibt allerdings einen wichtigen Grund, der gegen die Verwendung historischer Zahlen spricht. PEG-Faktoren werden normalerweise eingesetzt, um zu berechnen, welches der angemessene Preis für *zu erwartendes* Wachstum ist.

Jim Slater, britischer Investment-Guru, der das Konzept des PEG-Faktors entwickelt hat, hat folgenden Lösungsvorschlag: Nehmen Sie die durchschnittlichen Erträge, die für die zwei Folgejahre prognostiziert werden, gewichten Sie Ihre Berechnung auf die eine oder andere Weise, je nachdem, zu welchem Zeitpunkt des Geschäftsjahrs sie erstellt wird, und berechnen Sie dann auf der Grundlage dieser Zahlen das Ertragswachstum, das KGV und den PEG-Faktor.

Eine einfache Lösung für dieses Problem gibt es nicht. Allerdings wird es in Slaters Buch *Investment Made Easy* detaillierter erläutert.

Die Bedeutung

PEGs sind eine Richtlinie dafür, ob der Preis, den man für das Wachstum zahlt, angemessen ist. Slaters ursprüngliche Vorgabe lautete, dass das KGV unter dem Ertragswachstum liegen solle. Anders ausgedrückt: Ab einem PEG-Faktor unterhalb von 1 war eine Aktie als preiswert zu betrachten. Je niedriger die Zahl, desto billiger das Papier.

Diese Lösung ist einfach, elegant und treffsicher. Ein strittiger Punkt ist allerdings der Umgang mit Zeitdifferenzen. Wie bei vielen Unternehmenskennzahlen werden auch durch die Auslegung von PEG-Faktoren gern übertriebene Bewertungen durch den Markt gerechtfertigt. Unserer Ansicht nach ist das der falsche Weg. Ist das Ertragswachstum bestenfalls mäßig, so ist damit höchstens ein geringes KGV zu rechtfertigen. Weiter nichts.

PEG-Faktoren sind für bestimmte Arten von Unternehmen geeignet. Schreibt ein Unternehmen aktuell rote Zahlen, bricht der Gewinn ein oder wird es gemeinhin auf der Grundlage seiner Vermögenswerte oder anhand anderer Maßstäbe bewertet, so ist der PEG-Faktor wenig oder gar nicht aussagekräftig. Am meisten bringt er beim Vergleich von Wachstumsunternehmen.

1.6 Kurs-Umsatz-Verhältnis

Die Definition

Um das Verhältnis zwischen Kurs und Umsatz (PSR für Price to Sales Ratio), auch manchmal *Revenue Multiple* genannt, zu ermitteln, wird die Marktkapitalisierung der Aktien durch den Jahresumsatz des Unternehmens geteilt. Alternativ kann man auch den Aktienkurs durch den Umsatz pro Aktie teilen.

Die Formeln

PSR = Marktkapitalisierung/Jahresumsatz

oder

PSR = Aktienkurs/Umsatz pro Aktie

Die Komponenten

Marktkapitalisierung – der Börsenwert des Unternehmens. Er wird berechnet durch Multiplikation der Gesamtzahl ausgegebener Aktien (oder Stammaktien) mit ihrem Kurs (siehe Kennzahl »Marktkapitalisierung«). Für die Berechnung sind – zur kurzen Wiederholung – folgende Komponenten erforderlich: *ausgegebene Aktien (Stammaktien) in Umlauf* – ausgegebene Aktien, die öffentlich *gehandelt* werden können; und *Aktienkurs* – der aktuelle Marktkurs der Aktien, gewöhnlich der Mittelkurs zum Schluss des vorangegangenen Börsentages.

Jahresumsatz – Der Umsatz (im Englischen durch die praktisch austauschbaren Begriffe »sales«, »revenue« oder »turnover« beschrieben) ist ein so alltäglicher Begriff, dass er keiner längeren Erklärung bedarf. Die Berechnungen unterscheiden sich nur insofern, als man entweder den Umsatz des letzten abgeschlossenen Geschäftsjahres oder den Umsatz der vergangenen zwölf Monate heranzieht .

Für US-amerikanische Unternehmen werden meist die Zahlen für die letzten zwölf Monate herangezogen, da hier quartalsweise Bericht erstattet wird. In diesem Fall wäre der kumulierte Umsatz der vorangegangenen vier Berichtsquartale anzusetzen (vorausgesetzt, es sollen keine Prognosen verwendet werden). Anders formuliert: Hat ein Unternehmen gerade die Umsatzzahlen für das dritte Quartal bekannt gegeben, so setzen sich die Umsatzzahlen für die letzten zwölf Monate zusammen aus den neun Monaten des laufenden Jahres plus dem vierten Quartal des Vorjahres. Bei Unternehmen mit halbjährlicher Berichterstattung würden nach Abschluss des ersten Halbjahrs der Umsatz der ersten Hälfte des laufenden Geschäftsjahrs sowie der des zweiten Halbjahres des vorangegangenen Geschäftsjahrs berücksichtigt.

Wo finde ich die nötigen Daten?

Jahresumsatz – normalerweise die oberste Zahl oder Gruppensumme in der konsolidierten Gewinn-und-Verlust-Rechnung oder Erfolgsrechnung. Umsätze, die auf außerordentliche Veräußerungen von Unternehmensteilen zurückgehen, könnten die Zahl verzerren und sollten daher gegebenenfalls unberücksichtigt bleiben.

Ausgegebene Aktien in Umlauf (für die Berechnung der Marktkapitalisierung) – in den Erläuterungen zum Jahresabschluss. Auf die entsprechende Erläuterung wird gewöhnlich in der Konzernbilanz beim Stichwort »eingefordertes Kapital« oder ähnlich verwiesen. Dabei ist die Zahl der Stammaktien zum Jahresende heranzuziehen, nicht der angegebene nominelle Geldwert (so vorhanden).

Aktienkurs (für die Berechnung der Marktkapitalisierung) – in jeder beliebigen Tageszeitung oder Finanz-Website. Achten Sie darauf, dass Sie auch wirklich den Aktienkurs verwenden. In diesem Zusammenhang ist darauf hinzuweisen, dass finanzwirtschaftliche Zeitungen auf den Kursblättern häufig auch Angaben zur Marktkapitalisierung einzelner Unternehmen machen.

Die Berechnung – die Theorie

Abbildung 6.1a und 6.1b zeigen die verschiedenen Zahlen, die dem Jahresabschluss zu entnehmen sind, und ihren Einsatz bei der Berechnung der Kennzahl.

Abbildung 6.1a Berechnung des Kurs-Umsatz-Verhältnisses
(bei halbjährlicher Berichterstattung)

Universal Widgets plc hat folgende Umsatzentwicklung ausgewiesen:

(Mio. £)	für die sechs Monate bis zum:	für das Jahr bis zum:	
	Jun.-01	Jun.-00	Dez.-00
Umsatz ...	120	100	200
Ausgegebene Aktien ...	200 Mio.		
... und einen Aktienkurs von ...	100 Pence		
Umsatz der vergangenen zwölf Monate	£220 Mio.		
(Rechenweg)	(200 + 120 – 100)		
Marktkapitalisierung ...	£200 Mio.		
(Rechenweg)	(200 × (100/100))		
Kurs-Umsatz-Verhältnis ...	**0,91**		
(Rechenweg)	(200/220)		

Abbildung 6.1b Berechnung des Kurs-Umsatz-Verhältnisses
(bei quartalsweiser Berichterstattung)

Universal Widgets Inc. berichtet vierteljährlich.
Die Quartalszahlen sehen folgendermaßen aus:

($ Mio.)	2000 Q1	2000 Q2	2000 Q3	2000 Q4	2001 Q1
Umsatz ...	50	75	75	100	125
Ausgegebene Aktien ...	200 Mio.				
... und einen Aktienkurs von ...	$10				
Umsatz der vergangenen zwölf Monate	$375 Mio.				
(Rechenweg)	(75 + 75 + 100 + 125)				
Marktkapitalisierung ...	$2 000 Mio.				
(Rechenweg)	(200 × 10)				
Kurs-Umsatz-Verhältnis ...	**5,3**				
(Rechenweg)	(2 000/375)				

Abbildung 6.2 zeigt, wie die fett gedruckten Zahlen aus dem Jahresabschluss von Solvay zum Kurs-Umsatz-Verhältnis kombiniert werden. Weitere Informationen über Solvay finden Sie unter *www.solvay.com*. Solvay ist ein führendes belgisches Pharma- und Chemieunternehmen, das auf seiner Website unter anderem ein »Depression Centre« anbietet. Dort können Sie sich dann einloggen, wenn Sie Ihr ganzes Hab und Gut an der Börse verspekuliert haben! Solvay ist in Europa die Nummer 1 und weltweit die Nummer 2 unter den Herstellern von Abführmitteln.

Abbildung 6.2 Die Berechnung des Kurs-Umsatz-Verhältnisses für Solvay auf der Basis des Jahresabschlusses für 1999 und des Zwischenabschlusses für 2000

Die Zahlen ...

Geschäftsbericht 1999

(Konsolidierte Konzern-Gewinn-und-Verlust-Rechnung
(S. 61 im veröffentlichten Abschluss von Solvay)

	1998 € Mio.	1999 € Mio.
Umsatz	7 451	**7 869**

Ergebnis für die sechs Monate bis Juni 2000 (S. 1)

	1999 € Mio.	2000 € Mio.
Umsatz	**3 725**	**4 600**
Anzahl der ausgegebenen Aktien (2000)	84 206	**84 314**
Aktienkurs von Solvay in 2002	**€ 61,30**	

Die Berechnung ...

Kurs-Umsatz-Verhältnis (auf der Basis der Umsätze der letzten zwölf Monate)	**0,59**
(Rechenweg)	(61,30 × 84 314/1 000)/(7 869 + 4 600 − 3 725)

Solvays Aktienkurs wird multipliziert mit der Anzahl der ausgegebenen Aktien. Das Ergebnis in Millionen wird geteilt durch den Vorjahresumsatz zuzüglich der Differenz zwischen dem Umsatz der ersten sechs Monate des laufenden Jahres und der ersten sechs Monate des Vorjahres.

In diesem Fall ist die Berechnung der Marktkapitalisierung wie üblich kein Problem. Näheres dazu finden Sie in dem Kapitel zur magischen Zahl Nummer 1. Achten Sie jedoch darauf, dass Sie das Ergebnis in die gleiche Größenordnung bringen wie die Umsatzzahlen (vergleichen Sie also stets Millionen mit Millionen und so weiter). Das ist verhältnismäßig einfach: Sie müssen lediglich die Dezimalstellen auf einen gemeinsamen Nenner bringen. Solvays Abschluss und der Halbjahresbericht sind bewundernswert klar und eindeutig.

Die Bedeutung

Das einst eher stiefmütterlich behandelte Kurs-Umsatz-Verhältnis erfreut sich zunehmender Beliebtheit, denn die Anleger oder vielmehr die Analysten und Investmentbanker haben gemerkt, dass es einen geeigneten, wenn auch umständlichen Wertmaßstab für Unternehmen abgibt, die in der näheren Zukunft wohl keine Gewinne erzielen dürften.

Folglich wurde es gern verwendet zur Bewertung von Internet- und Telekommunikationsunternehmen, und insbesondere für den Einsatz von Umsatzprognosen anstelle von geprüften Zahlen aus der Vergangenheit. Wie die Kursbewegungen bei manchen dieser Aktien gezeigt haben, ging die Verwendung des KUV mit einer Verstärkung des Augenmerks auf die Erfüllung der Quartalsumsatzprognosen einher. Blieben die Unternehmen hier hinter den Erwartungen zurück, so kam es zu drastischen Kursverlusten.

Wie bei KGVs und PEG-Faktoren ist auch hier die Schlussfolgerung gerechtfertigt, dass Unternehmen mit einem hohen, beständigen Umsatzwachstum zu einem höheren Kurs-Umsatz-Verhältnis gehandelt werden als solche, deren Umsätze stagnieren oder nur langsam steigen. Daraus eine handfeste, zuverlässige Grundregel abzuleiten, wäre allerdings verfehlt.

Ganz banal kann das Kurs-Umsatz-Verhältnis als Methode zur Einschätzung herangezogen werden, ob eine Aktie billig ist oder nicht. Die übliche Faustregel ist simpel: Unternehmen mit einem Kurs-Umsatz-Verhältnis von deutlich unter eins gelten als billig, alle anderen als teuer.

Es gibt jede Menge Belege dafür, dass diese Regel tatsächlich greift.

In seinem Buch *What Works on Wall Street* hat James O'Shaughnessy Kurs- und Berichtsdaten US-amerikanischer Unternehmen über einen Großteil der Nachkriegszeit hinweg untersucht und festgestellt, dass ein historisches Kurs-Umsatz-Verhältnis von unter 1 der zuverlässigste Indikator für die zukünftige Entwicklung des Aktienkurses eines Unternehmens war.

1.7 EV/EBITDA

Die Definition

EV/EBITDA ist eine Kurzformel für eine Bewertungsmethode ähnlich dem Kurs-Gewinn-Verhältnis. Sie dient zur Bestimmung des Wertes eines Unternehmens, indem einer der Maßstäbe für dessen Marktwert mit einer Gewinnangabe aus der Erfolgsrechnung verglichen wird.

EV steht für »enterprise value«, also Unternehmenswert. Wie man ihn berechnet, ist unter dem Kapitel zur »magischen Zahl« Nummer 2 beschrieben.

EBITDA steht für »Earnings Before Interest, Tax, Depreciation, and Amortization« – also das Ergebnis vor Zinsen, Einkommen- und Ertragsteuern und Abschreibungen. Es handelt sich dabei um das »Betriebsergebnis« oder den »Betriebsgewinn« zuzüglich Abschreibungen auf Sachanlagen und den immateriellen Geschäftswert (Goodwill-Abschreibungen). Diese Beträge bleiben beim Betriebsergebnis unberücksichtigt, weil sie nicht mit einem Abfluss von Liquidität verbunden sind.

Die Formeln

EV/EBITDA = (Marktkapitalisierung + Nettoverschuldung)/EBITDA

EBITDA = Gewinn vor Steuern + Zinsen + Abschreibungen

Die Komponenten

Der Unternehmenswert (siehe »magische Zahl« Nummer 2) hat fünf Elemente:

Ausgegebene Aktien (Stammaktien) in Umlauf – ausgegebene Aktien, die öffentlich gehandelt werden.

Aktienkurs – aktueller Marktkurs der Aktien, normalerweise der Mittelkurs zum Schluss des vorangegangenen Börsentages.

Wenn Sie diese beiden Werte miteinander multiplizieren, erhalten Sie die Marktkapitalisierung. Der Unternehmenswert EV ist die Marktkapitalisierung zuzüglich des Fremdkapitals abzüglich liquider Mittel.

Fremdkapital – die Gesamtheit aller lang- und kurzfristigen Verbindlichkeiten und Schuldtitel, die von dem Unternehmen oder seinen Tochterunternehmen geschuldet oder begeben werden.

Flüssige Mittel – Dazu gehören Bankguthaben des Unternehmens sowie alle liquiden Anlageinstrumente, die jederzeit unverzüglich in Bargeld umgewandelt werden können.

EBITDA – Dieser Wert ist mithilfe von Daten aus dem Geschäftsbericht des Unternehmens verhältnismäßig leicht zu berechnen. Gewinn-und-Verlust-Rechnungen sind meistens nach dem gleichen Schema gestrickt. Ganz oben steht der Umsatz. Von dieser Zahl werden die Kosten für Material und sonstige Fremdleistungen abgezogen. So erhält man das Bruttoergebnis vom Umsatz. Vom Bruttoergebnis werden dann noch verschiedene Betriebskosten abgezogen – darunter auch nicht auszahlungswirksame Aufwendungen wie Abschreibungen auf Sachanlagen und auf den immateriellen Geschäftswert. So erhält man das Betriebsergebnis.

EBITDA entspricht dem Betriebsergebnis zuzüglich Abschreibungen.

Wo finde ich die nötigen Daten?

Komponenten des Unternehmenswertes

Ausgegebene, in Umlauf befindliche Aktien (Stammaktien) – in den Erläuterungen zum Jahresabschluss. Auf die entsprechende Erläuterung wird in der Konzernbilanz unter der Überschrift »eingefordertes Kapital« oder einem ähnlichen Stichwort verwiesen. Zu berücksichtigen ist die Zahl der Stammaktien am Ende des Jahres.

Aktienkurs – in jeder beliebigen Tageszeitung oder Finanz-Website.

Fremdkapital – in der konsolidierten (oder Konzern-) Bilanz unter der Überschrift »Verbindlichkeiten«, »Kreditoren« oder »kurzfristige Verbindlichkeiten« (für kurzfristige Verschuldung) und weiter unten auf der Seite unter der Kategorie mittel- bis langfristige Verschuldung.

Flüssige Mittel – in der konsolidierten (oder Konzern-) Bilanz unter der Überschrift »Umlaufvermögen«.

EBITDA-Komponenten

Betriebsgewinn – im Hauptteil der Gewinn-und-Verlust-Rechnung, gewöhnlich direkt über der Zeile »Zinsen«.

Abschreibungen – Angaben dazu sind normalerweise ganz vorn in den Erläuterungen zum Jahresabschluss enthalten, und zwar unter der Überschrift »das Betriebsergebnis ist angegeben nach folgenden Abzügen« oder »zu den betrieblichen Aufwendungen zählen ...«. Verwenden Sie die Angabe für das betrachtete Jahr, nicht die aufgelaufenen Abschreibungen (also den Gesamtwert der Abschreibungen über mehrere zurückliegende Jahre). Die Abschreibungen werden gewöhnlich auch in der Kapitalfluss- beziehungsweise Cashflow-Rechnung ausgewiesen.

Goodwill-Abschreibungen – Sie werden bisweilen separat in der Gewinn-und-Verlust-Rechnung ausgewiesen, wenn es sich um einen nennenswerten Betrag handelt. Ansonsten finden sich entsprechende Angaben in den Erläuterungen zum Jahresabschluss unter dem Stichwort Abschreibungen.

Die Berechnung – die Theorie

Abbildung 7.1 zeigt die verschiedenen Zahlen, die dem Jahresabschluss zu entnehmen sind, und ihren Einsatz bei der Berechnung der Kennzahl.

Abbildung 7.1 Berechnung des EV/EBITDA	
Universal Widgets plc hat:	
Marktkapitalisierung	£125 Mio.
kurzfristige Verbindlichkeiten in Höhe von	£25 Mio.
langfristige Verbindlichkeiten in Höhe von	£25 Mio.
flüssige Mittel in Höhe von	£10 Mio.
und demnach einen Unternehmenswert von	£165 Mio.
(Rechenweg)	(125 + 25 + 25 – 10)
Das Betriebsergebnis beträgt...	£10 Mio.
... Abschreibungen auf Sachanlagen	£2 Mio.
... Abschreibungen auf den immateriellen Geschäftswert	£2,5 Mio.
EBITDA	**£14,5 Mio.**
(Rechenweg)	(10 + 2,0 + 2,5)
EV/EBITDA	**11,4**
(Rechenweg)	(165/14,5)

Berechnung für YAHOO!

Abbildung 7.2 zeigt, wie die fett gedruckten Zahlen aus diesem Auszug aus dem Jahresabschluss von Yahoo! für 1999 zum EV/EBITDA kombiniert werden.

Abbildung 7.2 Die Berechnung des Verhältnisses EV/EBITDA auf der Basis des Jahresabschlusses von Yahoo! für 1999

Die Zahlen ...

	31. Dez.	
(in Tausend)	1999	1998
Konsolidierte Betriebsergebnisrechnung (S. 34 im veröffentlichten Jahresabschluss von Yahoo!)		
Nettoumsatzerlöse	588 608	245 100
Bruttogewinn	486 809	192 946
Betriebsergebnis	**66 733**	−13 721
Konsolidierte Kapitalflussrechnung (S. 36)		
Berichtigungen zur Abstimmung des Jahresüberschusses mit dem Mittelzufluss/-abfluss aus laufender Geschäftstätigkeit		
Abschreibungen	**42 330**	16 472
Aktiva (S. 33)		
Umlaufvermögen		
Liquide Mittel	**233 951**	230 961
Kurzfristige Anlagen	**638 508**	341 822
Eigenkapital		
Vorzugsaktien zum Nennwert von 0,001 US-Dollar; 10 000 genehmigt, keine ausgegeben oder in Umlauf	0	0
Stammaktien zum Nennwert von 0,001 US-Dollar: 900 000 genehmigt, **532 798** bzw. 497 998 ausgegeben und in Umlauf	533	498
Aktienkurs von Yahoo! zum Zeitpunkt der Drucklegung	**$57**	

Die Berechnung ...

Marktkapitalisierung	**$30 369 Mio.**	
(Rechenweg)	(532 798 000 × 57)	

Die besagten 532 798 Millionen Aktien von Yahoo! werden mit dem Aktienkurs von 57 US-Dollar multipliziert.

Unternehmenswert	**$29 496,54 Mio.**
(Rechenweg)	(30 369,00 − 638,51 − 233,95)

Von Yahoo!s Marktkapitalisierung werden 638 Millionen US-Dollar an kurzfristigen Investitionen und 234 Millionen US-Dollar an liquiden Mitteln abgezogen.

EBITDA	**$109,06 Mio.**
(Rechenweg)	(66,73 + 42,33)

Das Betriebsergebnis beträgt 66,73 Millionen US-Dollar. Hinzu kommen Abschreibungen in Höhe von 42,33 Millionen US-Dollar.

EV/EBITDA	**270,6**
(Rechenweg)	(29 497/109)

Der Unternehmenswert von Yahoo! in Höhe von 29 496 Millionen US-Dollar wird durch den EBITDA-Wert von 109 Millionen US-Dollar geteilt.

Die Berechnung der Marktkapitalisierung und des Unternehmenswertes werden Ihnen schon bald in Fleisch und Blut übergehen. Setzt man jedoch im Nenner Daten aus früheren Jahresabschlüssen ein, so wird eine Problematik deutlich: Die Zahlen veralten rasch. Das gilt insbesondere für solche Unternehmen, die effektiv und ausschließlich mit diesem Maßstab gemessen werden (etwa Internetwerte). Eine Alternative ist die EBITDA-Berechnung jeweils auf der Grundlage der letzten zwölf Monate.

Zufällig werden diese Daten in einem Bereich der Yahoo!-Website (Yahoo! Finance unter *http://finance.yahoo.com*) in leicht verdaulicher Form angeboten. Geben Sie das Tickersymbol YHOO für Yahoo! ein und klicken Sie auf das Schaltfeld »Profile« neben der Notierung, so gelangen Sie zu einer kleinen Skizze der geschäftlichen und finanziellen Entwicklung von Yahoo!. Hier finden Sie auch den jeweils aktuellen EBITDA-Wert für die letzten zwölf Monate, der im Jahr 2002 bei 315,4 Millionen US-Dollar lag.

Dies entspricht in etwa dem Dreifachen der EBITDA-Zahl, die die Berechnung in der auf der Grundlage von Vergangenheitsdaten erstellten Tabelle ergeben hat; deshalb ist die Überprüfung des aktuellen Wertes unbedingt empfehlenswert. Dieser besagt, dass das Verhältnis EV/EBITDA unter 100 liegt – eine weit weniger abschreckende Bewertung. Websites mit aktuellen Unternehmensdaten sind im Anhang aufgeführt.

Die Bedeutung

EV/EBITDA wird ermittelt zum Vergleich von Unternehmen mit einem hohen Fremdkapitalanteil oder einer großen Menge an liquiden Mitteln, oder aber für Unternehmen, die zwar einen Jahresfehlbetrag ausweisen, doch keine Verluste weiter oben in der Erfolgsrechnung.

Der Unternehmenswert EV ist eine Methode zur einheitlichen Bewertung von Unternehmen ungeachtet ihrer Kapitalstruktur. Unterschiede werden ausgeglichen durch Ausklammern der Wirkung von Zinsen und Steuern, indem man das Ergebnis vor Zinsen und Steuern (das EBIT aus dem EBITDA) als Nenner des Bruches verwendet.

Anders ausgedrückt: Auf der einen Seite werden die Schulden hinzugerechnet (bei der EV-Berechnung), während die Zinsen für Fremdmittel auf der anderen Seite addiert werden (in EBITDA). Die Heranziehung eines Ergebnisses vor Steuern erlaubt den Vergleich von Unternehmen ungeachtet der internationalen Unterschiede in der Besteuerung.

Wie steht es aber mit der Hinzufügung von Abschreibungen? Abschreibungen auf den immateriellen Geschäftswert – eine Buchhaltungspraxis, die recht willkürlich ist und erst vor nicht allzu langer Zeit eingeführt wurde – sind hier weniger problematisch.

Wer auch Abschreibungen auf Sachanlagen aus der Gleichung ausklammern möchte, bewegt sich auf dünnerem Eis. Abschreibungen werden vorgenommen, weil sich materielle Vermögenswerte abnutzen und ersetzt werden müssen.

Zu dem Zeitpunkt, an dem Abschreibungen vorgenommen werden, handelt es sich um Beträge, die nur auf dem Papier existieren. Dennoch werden hier Kosten ausgewiesen, die das Unternehmen früher oder später tragen muss: Wenn die entsprechenden Gegenstände künftig ersetzt werden müssen, werden dafür Mittel benötigt.

Ob angebracht oder nicht, die Kennzahl wird inzwischen viel eingesetzt. Sie ist jedoch mit äußerster Vorsicht zu betrachten – ganz besonders dort, wo sie zur Rechtfertigung der Bewertung von Verlustunternehmen durch die Börse verwendet wird.

1.8 Kurs-Buchwert-Verhältnis

Die Definition

Das Kurs-Buchwert-Verhältnis oder KBV (englisch Price/Book Value oder kurz P/BV) wird gebildet, indem der Aktienkurs durch den Buchwert der Aktien geteilt wird. Der Buchwert ist der Wert des Nettovermögens, der den Aktionären zuzuordnen ist (auch »Nettosachvermögen«, »Mittel der Anteilseigner« oder »Eigenkapital« genannt). Ausgedrückt wird er als Betrag pro Aktie.

Die Formel

KBV= Aktienkurs/(Eigenkapital/Anzahl ausgegebener Aktien)

Die Komponenten

Aktienkurs – aktueller Marktkurs der Aktien, normalerweise der Mittelkurs zum Schluss des vorangegangenen Börsentages.

Buchwert – Er hat eine ganze Reihe verschiedener Bezeichnungen, darunter »Eigenkapital«, »Eigenmittel«, »Nettovermögen«, »Nettosachvermögen« und dergleichen mehr. Der Betrag errechnet sich, indem Sie das Sachanlagevermögen des Unternehmens zuzüglich des Umlaufvermögens heranziehen und davon die kurzfristigen und langfristigen Verbindlichkeiten sowie die Rückstellungen abziehen. Der Saldo dieser Zahlen repräsentiert das verbleibende Vermögen, das den Aktionären »gehört«.

Ausgegebene Aktien (Stammaktien) in Umlauf – Aktien, die ausgegeben wurden und öffentlich gehandelt werden können. Verwenden Sie die Zahl der Aktien, die sich zu dem Zeitpunkt in Umlauf befinden, zu dem Sie Ihre Rechnung durchführen. Sie können sie normalerweise dem Geschäftsbericht entnehmen, wobei Sie sie allerdings um etwaige anschließende Aktiensplits berichtigen müssen.

Wo finde ich die nötigen Daten?

Aktienkurs – in jeder beliebigen Tageszeitung oder Finanz-Website. Achten Sie dabei auf die Einheit, in der der Aktienkurs ausgewiesen ist. In Großbritannien erfolgen Notierungen traditionell in Pence. Ist die Marktkapitalisierung in Pfund angegeben, so sind die Zahlen entsprechend anzupassen.

Buchwert – auf der ersten Seite der Konzernbilanz, gewöhnlich bezeichnet durch einen der oben angeführten Begriffe. Manchmal ist stattdessen auch die Summe des Eigenkapitals zuzüglich Rücklagen angegeben, was dem Buchwert entspricht.

Ausgegebene, in Umlauf befindliche Aktien (Stammaktien) – in den Erläuterungen zum Jahresabschluss. Auf die entsprechende Erläuterung wird in der Konzernbilanz unter der Überschrift »eingefordertes Kapital« oder einem ähnlichen Stichwort verwiesen. Zu berücksichtigen ist die Zahl der Stammaktien am Ende des Jahres, nicht etwa ihr nomineller Geldwert (falls angegeben).

Es sollte nicht die Zahl der Aktien herangezogen werden, die zur Berechnung des Ertrags pro Aktie verwendet wird. Hierbei handelt es sich gewöhnlich um einen Jahresdurchschnittswert, nicht um die möglichst aktuelle Zahl, die hier einzusetzen ist.

Die Berechnung – die Theorie

Abbildung 8.1 zeigt die verschiedenen Zahlen, die dem Jahresabschluss zu entnehmen sind, und ihren Einsatz bei der Berechnung der Kennzahl.

Abbildung 8.1 Berechnung des Kurs-Buchwert-Verhältnisses

Universal Widgets hat:	
Aktienkurs	200 Pence
Eigenkapital in Höhe von	£600 Mio.
Aktien in Umlauf	400 Mio.
Buchwert je Aktie	150 Pence
(Rechenweg)	$(600/400) \times 100$
Kurs-Buchwert-Verhältnis	**1,33**
(Rechenweg)	$(200/150)$

Abbildung 8.2 zeigt, wie die fett gedruckten Zahlen aus diesem Auszug aus dem Jahresabschluss von NTT kombiniert werden.

Abbildung 8.2 Die Berechnung des Kurs-Buchwert-Verhältnisses auf der Basis des Jahresabschlusses von NTT für 2000

Die Zahlen ...

(in Millionen ¥)	31. März 1999	2000
Eigenkapital (S. 39 im veröffentlichten Geschäftsbericht von NTT)		
Stammaktien zum Nennwert von ¥50 000; 62 400 000 Aktien genehmigt; emittiert und in Umlauf:		
15 912 000 Aktien in 1999	795 600	795 600
15 834 590 Aktien in 2000		
Zusätzlich eingezahltes Kapital	2 530 476	2 530 476
Nicht entnommener Jahresgewinn	2 628 272	2 648 286
Kumulierte sonstige Erträge (Verluste)	−43 578	40 262
	5 910 770	**6 014 624**
Aktienkurs von NTT in 2002	**¥900 000**	

Die Berechnung ...

Der Buchwert je Aktie beträgt   **¥379 831**
(Rechenweg)   (6 014 624/15 835, beide Zahlen um drei Stellen gekürzt)

Das Eigenkapital von NTT wird durch die 15 835 Millionen ausgegebenen Aktien geteilt.

Das Kurs-Buchwert-Verhältnis ist   **2,37**
(Rechenweg)   (900 000/379 831)

Der Aktienkurs von NTT wird durch den in der vorangegangenen Rechnung ermittelten Buchwert je Aktie geteilt.

Wie schon bei der Beispielrechnung für den Unternehmenswert EV ist der Jahresabschluss von NTT unmissverständlich, was die daraus zu beziehenden Informationen betrifft. Das Problem liegt in den Zahlen selbst. Sie sind aufgrund des hohen Aktienkurses von NTT einfach unhandlich.

57

Kurs-Buchwert-
Verhältnis

Obwohl die Berechnung im Prinzip gar nicht schwierig ist, tauchen an anderer Stelle in der Bilanz von NTT zwei Posten auf, die womöglich eine Berichtigung des Buchwerts erfordern.

Der erste dieser beiden Posten ist durchaus beträchtlich, nämlich 1 882 Milliarden Yen an immateriellen Vermögenswerten. Eine Überprüfung anhand der entsprechenden Erläuterung zum Jahresabschluss ergibt, dass sich diese Zahl zu zwei Dritteln auf den Wert von Computersoftware bezieht, zum verbleibenden Rest auf die Nutzung von Versorgungseinrichtungen.

Ob man dies nun in der Berechnung unberücksichtigt lassen will oder nicht, richtet sich danach, ob in den Jahresabschlüssen von anderen Telekommunikationsunternehmen, mit denen man NTT vielleicht vergleichen möchte, ähnliche Posten enthalten sind. Ist dem so, so ist es relativ einfach, den für immaterielle Werte angesetzten Betrag vom Eigenkapital abzuziehen und einen berichtigten Buchwert je Aktie sowie ein angepasstes Kurs-Buchwert-Verhältnis zu ermitteln.

Das Gleiche gilt für Anlagen des Unternehmens in Wertpapiere des Umlaufvermögens. Diese werden in der Bilanz zum Marktwert ausgewiesen, also inklusive aller unrealisierten Gewinne und Verluste. Der fragliche Betrag – eine Differenz von 120 Milliarden Yen zum Buchwert dieser Investitionen, wie aus der entsprechenden Erläuterung zum Jahresabschluss hervorgeht – ist jedoch relativ gering.

Zusammengenommen würden diese beiden Posten den Buchwert von NTT um 2 000 Milliarden Yen drücken. Gerundet würde der Buchwert von NTT dadurch von 6 Billionen Yen auf 4 Billionen Yen sinken. Der Buchwert je Aktie würde damit auf 253 426 Yen fallen, da der Aktienkurs nach wie vor bei 900 000 Yen läge. Der Effekt einer solchen Berichtigung würde eine Erhöhung des Kurs-Buchwert-Verhältnisses auf 3,55 zur Folge haben.

Marktbasierte
Unternehmens-
kennzahlen

Die Bedeutung

Zur Berechnungsmethode des Buchwerts gibt es unterschiedliche Ansichten. Dem Sinn und Zweck dieser Berechnung entsprechend, klammern die meisten Definitionen Minderheitsbeteiligungen Dritter (also den Anteil an Vermögenswerten von Tochtergesellschaften, die nicht zu hundert Prozent in Unternehmensbesitz sind, der sich in der Hand externer Aktionäre befindet) sowie den immateriellen Geschäftswert aus.

Eine weitere Frage der Definition betrifft die zum Unternehmensvermögen zählenden Immobilien sowie börsennotierte und nicht börsennotierte Anlagen. Hier ist es traditionell üblich, langfristige Immobilien auf der Basis jährlicher Neubewertungen einzubeziehen. Börsennotierte Anlagen können zum Anschaffungswert oder zum Marktwert ausgewiesen werden, nicht börsennotierte zum Anschaffungswert. Diese Unterscheidungen sind von besonderer Bedeutung, wenn das Kurs-Buchwert-Verhältnis als Werkzeug zum Vergleich verschiedener Unternehmen eingesetzt werden soll.

Im Fall von NTT sind gegenwärtig – wie oben bereits dargelegt – immaterielle Vermögenswerte und börsennotierte Anlagen zum Marktwert als Teil des Eigenkapitals ausgewiesen. Klammert man diese Posten aus, hat das beträchtliche Auswirkungen auf das Ergebnis unserer Berechnungen.

Das Kurs-Buchwert-Verhältnis ist zwar eine weit verbreitete, schnell berechnete Maßzahl, sollte jedoch mit aller gebotenen Sorgfalt interpretiert werden – und das nicht nur aufgrund der beschriebenen Eigenheiten der Berechnung. Ein ernst zu nehmender Einwand ist, dass die Kennzahl zwar für solche Unternehmen Aussagekraft besitzt, die reich an Sachanlagen sind, doch weniger für solche, deren Bilanzen größere Posten an immateriellem Geschäftswert oder intellektuellem Eigentum enthalten.

In welchem Verhältnis der Aktienkurs zu den Vermögenswerten steht, ist weniger bedeutsam als die Höhe des Gewinns, den das Management aus den zur Verfügung stehenden Vermögenswerten erwirtschaftet. Die Rentabilität auf das Gesamtkapital ist für den langfristigen Wert eines Unternehmens als Anlageinstrument weitaus bedeutender. Dieser Punkt wird an anderer Stelle – bei den Unternehmenskennzahlen »Kapitalrentabilität« und »Eigenkapitalrentabilität« – noch einmal aufgegriffen.

Teil 2
Unternehmenskennzahlen aus der Gewinn-und-Verlust-Rechnung

Die vier in diesem Teil des Buches behandelten Kennzahlen basieren allesamt auf Zahlen aus der Gewinn-und-Verlust-Rechnung.

Unternehmenskennzahlen auf der Grundlage der Gewinn-und-Verlust-Rechnung ermöglichen Ihnen einen tieferen Einblick in die Kostenstruktur eines Unternehmens und in deren Auswirkungen auf die Rentabilität. Kosten können extern generiert werden oder innerhalb des Unternehmens, oder aber sie sind finanzierungsbedingt.

Der Ertrag pro Aktie sowie die Dividende pro Aktie sind bereits in Teil 1 aufgetaucht. In Teil 2 werden nun die Komplexitäten dargelegt, die sich aus der Berechnung ergeben können, die Interpretationsmöglichkeiten der Zahlen und bestehende Wechselbeziehungen.

Unternehmenskennzahlen aus der Gewinn-und-Verlust-Rechnung haben bisweilen einen subtileren Einfluss auf die Aktienkurse als die bereits beschriebenen marktbasierten Kennzahlen.

- Die Spannenberechnung (also die Berechnung des prozentualen Anteils des Gewinns am Umsatz) ist der Schlüssel zum Verständnis der Unternehmenstätigkeit und des Tagesgeschäfts. Es gibt drei Arten von Spannen, die später näher erläutert werden.
- Die Zinsdeckung (das Verhältnis des Gewinns vor Zinsen zu den Finanzierungskosten) ist eine wichtige Variable. Sie wirkt sich auf die Rentabilität aus – insbesondere wenn sich die Entwicklungsrichtung der Zinsen ändert. Zinsdeckungskennzahlen können die Auswahl von Unternehmen als potenzielle Investitionsobjekte beeinflussen und Hinweise darauf liefern, welche Unternehmen man besser meiden sollte.
- Berechnungen zum Ertrag pro Aktie und zur Dividende pro Aktie sind komplexer, als sie aussehen. Sie müssen unbedingt präzise ausgeführt werden, um schlüssige Vergleiche zwischen Unternehmen zu ermöglichen.
- Die Dividendendeckung (das Maß, in dem der Ertrag pro Aktie die ausgeschüttete Dividende übersteigt) ist eine entscheidende Variable. Sie ist dann besonders aussagekräftig, wenn Unternehmen verglichen werden, die einen großen Teil des Gewinns an die Aktionäre ausschütten, oder solche, die hohe Renditen erwirtschaften.

Unternehmenskennzahlen. Peter Temple.
Copyright © 2007 WILEY-VCH Verlag GmbH & Co. KGaA, Weinheim
ISBN 978-3-527-50298-1

Wie sind diese Zahlen nun zu interpretieren? Das ist längst nicht immer so klar, wie es auf den ersten Blick erscheint.

Betrachten wir zunächst die Spannen. Dabei ist deren langfristiger Entwicklungstrend von größerer Bedeutung als ihre absolute Größe. Außerdem fallen die Spannen je nach Branche sehr unterschiedlich aus – im Lebensmitteleinzelhandel sind sie generell niedrig, bei Softwareunternehmen dagegen hoch. Ein Vergleich der Trendentwicklung über mehrere Jahre ist hier von ungleich größerer Aussagekraft – oder auch ein Vergleich der von verschiedenen Unternehmen derselben Branche ausgewiesenen Spannen.

Die Zinsdeckung ist zweifellos von Bedeutung, doch sie ist stets in Zusammenhang zu sehen mit einer Analyse der Art der Darlehen und sonstigen Fremdmittel, die dem Zinsaufwand zugrunde liegen.

Manchmal kann es durchaus lohnen, Aktien von Unternehmen zu kaufen, die in hohem Maße fremdfinanziert sind und eine geringe Zinsdeckung aufweisen – dann nämlich, wenn eine Zinssenkung bevorsteht. Das gilt jedoch nur, wenn das entsprechende Unternehmen von einem Rückgang der Zinsen maßgeblich profitieren würde – etwa weil die entsprechenden Verbindlichkeiten variabel verzinslich sind.

Die korrekte Berechnung von Erträgen und Dividenden ist die Grundlage für die korrekte Berechnung von Kurs-Gewinn-Verhältnissen und PEG-Faktoren, wie in Teil 1 beschrieben. Ein Vergleich der Entwicklung von Erträgen und Wachstumsraten oder auch von zyklischen Mustern bei Erträgen von Firmen derselben Branche kann wertvolle Erkenntnisse bringen. Verzerrungen durch die Rechnungslegungspraxis müssen dabei jedoch ausgemerzt werden.

Berechnungen zur Dividendendeckung sind besonders relevant bei »Renditewerten«, die man in erster Linie wegen ihrer attraktiven Dividendenrendite erwirbt.

Die Dividendendeckung ist eine Entscheidungshilfe bei der Wahl zwischen Aktien mit ähnlichen Ertragsmerkmalen. Ist sie niedriger, so sind die Erträge der entsprechenden Aktie womöglich weniger sicher und könnten in der Zukunft zurückgehen.

Eine Aussage zur Auswirkung (unternehmens-) politischer Faktoren fehlt an dieser Stelle. Sie liegt jenseits der Möglichkeiten der »Unternehmenskennzahlen«. So kommt es manchmal zur Kürzung von Dividenden aufgrund personeller Veränderungen im Management; oder um der Regierung einen Standpunkt zu verdeutlichen; oder um den Schlag, der mit der Schließung einer Niederlassung verbunden ist, durch den Verweis darauf abzumildern, dass auch die Aktionäre Einbußen erleiden.

Daher gilt, dass die qualitativen Faktoren ebenso aufmerksam verfolgt werden müssen wie die quantitativen.

Wie im vorangegangenen Teil, wird auf den Folgeseiten jede der nächsten vier Unternehmenskennzahlen eingehend dargelegt. Lesen Sie dort, wie Sie sich die nötigen Daten beschaffen, wie Sie die Kennzahlen berechnen und was diese bedeuten.

Auch hier haben wir wieder authentische Fallbeispiele und Auszüge aus echten Jahresabschlüssen von Unternehmen aus verschiedenen Teilen der Welt verwendet, um die Berechnungen in der Praxis vorzuführen.

Bedenken Sie dabei, dass die Gewinn-und-Verlust-Rechnung der am wenigsten zuverlässige Teil des Jahresabschlusses ist – der Teil, der dem Management den größten Spielraum für die Manipulation von Zahlen lässt. Achten Sie also verstärkt auf Unstimmigkeiten. Sind die Zahlen zu schön, um wahr zu sein, ist Skepsis angezeigt!

2.1 Spannen

Die Definition

Unter *Spannen* oder Margen sind die Gewinnspannen zu verstehen. Sie sind ganz allgemein eine Messlatte für die Rentabilität, die ermittelt wird durch das Teilen einer Gewinnzahl durch die Umsatzerlöse. Die Gewinn-und-Verlust-Rechnung (oder Erfolgsrechnung) enthält verschiedene Messgrößen für den Gewinn. Daher gibt es auch mehrere Möglichkeiten, Spannen zu berechnen – als da wären:

Bruttohandelsspanne oder Bruttospanne – der prozentuale Anteil des Bruttogewinns an den Umsatzerlösen;

Gewinnspanne oder Handelsspanne – der prozentuale Anteil des Betriebsergebnisses an den Umsatzerlösen;

Gewinnspanne vor Steuern – der prozentuale Anteil des Gewinns vor Steuern an den Umsatzerlösen.

Die Formeln

Bruttospanne = (Bruttogewinn × 100)/Umsatzerlöse

Gewinnspanne = (Betriebsergebnis × 100)/Umsatzerlöse

Gewinnspanne vor Steuern = (Gewinn vor Steuern × 100)/Umsatzerlöse

Die Komponenten

Umsatz – englisch »sales«, »revenue« oder »turnover« – ist ein so gängiger Begriff, dass er wohl kaum einer näheren Erläuterung bedarf. Die Berechnung kann unterschiedlich ausfallen, je nachdem, ob man den Umsatz für das letzte abgeschlossene Geschäftsjahr oder für die letzten zwölf Monate heranzieht. Letztere Zahl kann den Umsatz einbeziehen, der in den seit Ablauf des letzten

Geschäftsjahres vergangenen Halbjahren oder Quartalen erzielt wurde. Einzelheiten dazu finden Sie unter dem Kapitel zur Unternehmenskennzahl »Kurs-Umsatz-Verhältnis«.

Spannen können auch für den Teil eines Jahres berechnet werden – dann allerdings auf der Basis der Gewinn- und Umsatzzahlen für den entsprechenden Zeitraum.

Bruttogewinn – Bedenken Sie, dass die Gewinn-und-Verlust-Rechnung eine Zahlenkolonne ist, an deren Spitze die Umsatzerlöse stehen. Davon werden sukzessive Posten abgezogen. So ermittelt man stufenweise die einzelnen Gewinnzahlen. Ganz unten steht dabei der einbehaltene Gewinn, die Rücklagen. Der Bruttogewinn ist stets die erste Gewinnzahl, die in der Gewinn-und-Verlust-Rechnung angeführt wird. (In manchen Rechnungen wird sie jedoch ausgelassen und man setzt gleich beim Betriebsergebnis ein – siehe unten.) Der Bruttogewinn ist in der Regel definiert als Summe der Umsatzerlöse abzüglich der Umsatzaufwendungen. Mit »Umsatzaufwendungen« oder »Umsatzkosten« sind die Kosten für den Einkauf von Rohstoffen oder Teilen gemeint.

Betriebsgewinn – wird auch manchmal als »Betriebsergebnis« bezeichnet oder englisch als »operating profit« oder »operating income«. Er stellt die nächste Stufe der Gewinn-»Kolonne« dar und wird ermittelt durch Abzug verschiedener weiterer Posten vom Bruttogewinn. Dazu gehören Abschreibungen, Personalaufwand und Aufwendungen für Marketing und Vertrieb. Nicht – beziehungsweise erst auf der nächsten Stufe – berücksichtigt werden Gewinne (oder Verluste) aus verbundenen Unternehmen (Beteiligungen unter 50 Prozent) sowie das Zinsergebnis.

Gewinn vor Steuern – das Betriebsergebnis abzüglich (beziehungsweise zuzüglich) aller übrigen Posten, ausgenommen Steuern.

Wo finde ich die nötigen Daten?

Umsatzerlöse – sind gewöhnlich die erste Zahl oder Zwischensumme in der konsolidierten Erfolgsrechnung.

Bruttogewinn – falls separat ausgewiesen, findet er sich ebenfalls in der Gewinn-und-Verlust-Rechnung, und zwar unterhalb der Angaben zum Umsatz.

Betriebsgewinn – ist etwas weiter unten in der Gewinn-und-Verlust-Rechnung zu finden und wird auch als »Betriebsergebnis« bezeichnet. Es gibt hier ein paar geringfügige buchführungstechnische Unterschiede. So kann man den Gewinn vor Zinsen berechnen (manchmal unter dem Kürzel EBIT – Earnings Before Interest and Tax – angegeben), der viele Posten wie Gewinne aus dem Verkauf von Sachanlagen enthalten kann, die gar nicht unmittelbar mit der eigentlichen Geschäftstätigkeit des Unternehmens zusammenhängen.

Gewinn vor Steuern – die Zahl in der Gewinn-und-Verlust-Rechnung, die direkt über der Zeile zu den Steuern ausgewiesen ist. Ob hier das außerordentliche Ergebnis berücksichtigt werden soll oder nicht, ist Ansichtssache. Klammert man solche Posten aus der Gewinnberechnung aus, so müssen auch die darauf beruhenden Erlöse bei den zur Spannenberechnung herangezogenen Umsatzzahlen unberücksichtigt bleiben.

Die Berechnung – die Theorie

Abbildung 9.1 zeigt die verschiedenen Zahlen, die dem Jahresabschluss zu entnehmen sind, und ihren Einsatz bei der Berechnung der Kennzahl.

Abbildung 9.1 Berechnung der Kennzahl »Spannen«

Universal Widgets' Gewinn-und-Verlust-Rechnung sieht folgendermaßen aus:

Geschäftsjahr zum 31. Dezember	**2000**
	£ Mio.
Umsatz	200
Abzüglich: Umsatzaufwendungen	60
Bruttogewinn	140
Abzüglich: betriebliche Aufwendungen	70
Betriebsgewinn	70
Abzüglich: Zinsaufwendungen	20
Gewinn vor Steuern	50
Abzüglich: Steuern	20
Gewinn nach Steuern	30
Abzüglich: Erträge aus Minderheitsbeteiligungen	2
Auf die Aktionäre entfallender Gewinn	28
Abzüglich: Dividenden	8
Einbehaltene Gewinne	20
Bruttospanne	**70 %**
(Rechenweg)	$(140 \times 100)/200$
Gewinnspanne	**35 %**
(Rechenweg)	$(70 \times 100)/200$
Gewinnspanne vor Steuern	**25 %**
(Rechenweg)	$(50 \times 100)/200$

Abbildung 9.2 zeigt, wie die fett gedruckten Zahlen aus dem Auszug aus dem Jahresabschluss von GUS zu den Unternehmenskennzahlen kombiniert werden.

Abbildung 9.2 Die Berechnung der Spannen für GUS auf der Basis des Jahresabschlusses für 2000

Die Zahlen ...

Geschäftsjahr zum 31. März (S. 42 im veröffentlichten Jahresabschluss von GUS)	2000 £ Mio.	1999 £ Mio.
Umsatz aus laufender Geschäftstätigkeit	**5 658,4**	5 466,6
Umsatzaufwendungen	–3 436,1	–3 260,3
Bruttogewinn	**2 222,3**	2 206,3
Betriebliche Aufwendungen	–1 801,6	–1 668,3
Betriebsgewinn aus laufender Geschäftstätigkeit	**420,7**	538,0
Erträge aus Joint Ventures	33,9	31,9
Verbundene Unternehmen	11,3	22,1
Gewinn aus der Veräußerung von Sachanlagen	11,1	0,0
Gewinn vor außerordentlichen Posten	477,0	592,0
Verluste aus Geschäftsaufgabe	0,0	–14,3
Gewinn vor Zinsen	477,0	577,7
Abzüglich: Zinsaufwand	–97,4	–127,3
Gewinn vor Steuern	**379,6**	450,4
Abzüglich: Steuern	–104,5	–127,4
Gewinn nach Steuern	275,1	323,0
Abzüglich: Dividenden	207,2	207,2
Einbehaltene Gewinne	67,9	115,8

Die Berechnung ...

Bruttospanne	**39,3 %**
(Rechenweg)	(2 222,3 × 100)/5 658,4

Der Bruttogewinn von GUS in Höhe von 2 222,3 Millionen Pfund wird geteilt durch den Umsatz von 5 658,4 Millionen Pfund. Das Ergebnis wird in Prozent ausgedrückt.

Gewinnspanne	**7,4 %**
(Rechenweg)	(420,7 × 100)/5 658,4

Der Betriebsgewinn von GUS in Höhe von 420,7 Millionen Pfund wird geteilt durch den Umsatz von 5 658,4 Millionen Pfund. Das Ergebnis wird in Prozent ausgedrückt.

Gewinnspanne vor Steuern	6,7 %
(Rechenweg)	$(379{,}6 \times 100)/5\,658{,}4$

Der Gewinn vor Steuern von GUS in Höhe von 379,6 Millionen Pfund wird geteilt durch den Umsatz von 5 658,4 Millionen Pfund. Das Ergebnis wird in Prozent ausgedrückt.

Der Jahresabschluss von GUS liefert auf den ersten Blick alle Zahlen, die zur Berechnung dieser Kennzahlen erforderlich sind. Einziger heikler Punkt ist die Frage, ob der Gewinn aus dem Verkauf von Sachanlagen und der Verlust aus Geschäftsaufgabe auszuklammern sind oder nicht. Bezieht man diese Posten ein, so könnte das einen Vergleich der beiden Jahre verzerren.

Nähere Informationen finden Sie in den Erläuterungen zum Jahresabschluss. Sie zeigen, dass der Erlös aus dem Verkauf von Sachanlagen 15,7 Millionen Pfund beträgt (bei einem Gewinn von 11,1 Millionen Pfund). Der Verlust aus Geschäftsaufgabe beruht auf den Kosten der Schließung. Hier gibt es logischerweise keine Einkünfte, die gegenüberzustellen wären. Eine Berichtigung um den Verkauf von Sachanlagen (also der Abzug von 15,7 Millionen Pfund vom Umsatz und von 11,1 Millionen Pfund vom Gewinn) drückt die Gewinnspanne vor Steuern um 0,2 Prozentpunkte.

Die Bedeutung

Die Spannen sind maßgebliche Indikatoren für die Gesundheit eines Unternehmens. Sie sind am aussagekräftigsten beim Vergleich von Unternehmen oder aber für ein einzelnes Unternehmen über einen längeren Zeitraum hinweg (sagen wir fünf Geschäftsjahre). Nur dann kann man den außerordentlich wichtigen Trend bei den Spannen feststellen.

Worauf sollten Sie achten? Kurz gesagt, Spannen sollten entweder gleich bleiben oder leicht ansteigen. Sinkende Spannen können auf Probleme hinweisen, insbesondere wenn das betreffende Unternehmen oder die betreffende Branche nicht konjunkturabhängig ist. Schließlich zeigen die Spannen, in welchem Maße es einem Unternehmen gelingt, die in seinen Preisen eingebauten Kosten für fremdbezogene Produkte an die Kunden weiterzugeben

(Bruttospanne) und in welchem Maße es eigene, interne Kosten unter Kontrolle hat (Gewinnspanne).

Die Bruttospanne ist außerdem ein Indikator für die Wertschöpfung – je höher sie ausfällt, desto mehr Wert fügt ein Unternehmen Rohstoffen und gekauften Waren hinzu.

GUS ist im Grunde ein Einzelhandelsunternehmen mit Filialen im Markeneinzelhandel und einer Versandabteilung. Gerade im Einzelhandel werden Unternehmen gern nach ihren Spannen beurteilt. Im Lebensmitteleinzelhandel, der bei scharf kalkulierten Preisen von einem hohen Durchsatz an Waren lebt, sind die Spannen traditionell niedrig. Im Ausgleich kommt an der Kasse von den Kunden schneller Geld herein, als man die Lieferanten bezahlt. Softwareunternehmen, die ihr geistiges Eigentum lizenzieren und deren Kosten für fremdbezogene Produkte begrenzt sind, haben dagegen hohe Bruttospannen.

2.2 Zinsdeckung

Die Definition

Die *Zinsdeckung* (auch unter der Bezeichnung »Zinsbelastung der Gewinne« geläufig) ist eine Maßzahl für die finanzielle Stabilität eines Unternehmens. Sie gibt, an, wie viel Mal der Gewinn vor Steuern die in der Gewinn-und-Verlust-Rechnung ausgewiesenen Zinsaufwendungen übersteigt.

Die Formel

Zinsdeckung = (Gewinn vor Steuern + Nettozinsaufwand)/Nettozinsaufwand

Die Komponenten

Gewinn vor Steuern – das Betriebsergebnis abzüglich (beziehungsweise zuzüglich, je nachdem) Posten wie Erträge aus verbundenen Unternehmen (Minderheitsbeteiligungen), Zinsergebnis, Sonderkosten und aller weiterer Posten bis hin zu – jedoch nicht einschließlich – Steuern.

Nettozinsaufwand – alle Zinsen, die auf laufende Verbindlichkeiten bei Kreditinstituten oder auf Anleihen vom Unternehmen gezahlt wurden abzüglich Zinserträge auf Bankguthaben und kurzfristige liquide Anlagen.

Der in der Gewinn-und-Verlust-Rechnung ausgewiesene Zinsaufwand entspricht dabei nicht immer exakt den vom Unternehmen tatsächlich gezahlten Zinsen.

So können etwa Zinsen auf Anleihen ein- oder zweimal im Jahr pauschal abgegolten werden. Im Normalfall ist es einem Unternehmen gestattet, eine Schätzung des im Betrachtungszeitraum aufgelaufenen anteiligen Betrages anzugeben.

Darüber hinaus werden Zinsen auch manchmal aktiviert. Das bedeutet, sie werden aus der Gewinn-und-Verlust-Rechnung herausgenommen und in der

Bilanz ausgewiesen. Das geschieht normalerweise, wenn Zinsen für die Finanzierung eines Projektes anfallen, das noch nicht fertig gestellt ist, jedoch nach Fertigstellung für das Unternehmen einen langfristigen Wert darstellen dürfte. Ein Beispiel dafür wären Zinsen für die Finanzierung von Bauprojekten wie etwa Einzelhandelsläden.

Eine solche Kapitalisierung von Zinsaufwendungen reduziert die in der Gewinn-und-Verlust-Rechnung ausgewiesenen Aufwendungen und steigert so auf dem Papier den Gewinn. Sie ändert allerdings nichts an der Tatsache, dass fällige Zinsen faktisch trotzdem gezahlt werden müssen.

Wo finde ich die nötigen Daten?

Gewinn vor Steuern – ist oberhalb der Angaben zu Steuern in der Gewinn-und-Verlust-Rechnung zu finden. Wie bei den Spannen ist auch hier die Frage strittig, ob außerordentliche Erträge beziehungsweise außerordentliche Posten bei der Berechnung der Zinsdeckung im Gewinn vor Steuern zu berücksichtigen sind. Handelt es sich dabei um beträchtliche Beträge, die sich kaum wiederholen dürften, so sollte man sie besser aus der Berechnung ausklammern.

Nettozinsaufwand – steht in der Gewinn-und-Verlust-Rechnung oberhalb der Zeile, in der der Gewinn vor Steuern ausgewiesen ist, und oberhalb sämtlicher außerordentlicher Posten. Nicht unbedingt offensichtlich oder ausdrücklich angegeben ist, ob Zinsen aktiviert wurden. Daher ist es in jedem Fall empfehlenswert, in den Erläuterungen zum Jahresabschluss nachzulesen, was hier zu den Zinsposten aufgeführt ist. So kann man feststellen, ob der Zinsaufwand auf diese Weise reduziert wurde.

Die Berechnung – die Theorie

Abbildung 10.1 zeigt die verschiedenen Zahlen, die dem Jahresabschluss zu entnehmen sind, und ihren Einsatz bei der Berechnung der Kennzahl.

Universal Widgets hat:

Gewinn vor Steuern	$10 Mio.
Nettozinsaufwand	$2,5 Mio.
Lt. Erläuterungen zum Jahresabschluss aktivierte Zinsen	$1 Mio.
Gewinn vor Steuern abzüglich aktivierter Zinsen	$9 Mio.
Zinsdeckung ohne aktivierte Zinsen	**5,0 Mal**
(Rechenweg)	$(10,0 + 2,5)/2,5$
Zinsdeckung mit aktivierten Zinsen	**3,6 Mal**
(Rechenweg)	$(9,0 + 3,5)/3,5$

Berechnung für McDONALD'S

Abbildung 10.2 zeigt, wie die fett gedruckten Zahlen aus diesem Auszug aus dem Jahresabschluss von McDonald's zur Unternehmenskennzahl kombiniert werden. McDonald's (weitere Informationen auf der unternehmenseigenen Website *www.mcdonalds.com*) ist ein globales US-Fast-Food-Unternehmen. McDonald's bedient Tag für Tag 43 Millionen Kunden in 120 Ländern.

Abbildung 10.2 Berechnung der Zinsdeckung für McDonald's auf der Basis des Jahresabschlusses 1999

Die Zahlen ...

Jahr zum 31. Dezember (in Mio. $)	1999	1998	1997
Konsolidierte Gewinn-und-Verlust-Rechnung (S. 25 im veröffentlichten Jahresabschluss von McDonald's)			

Betriebsergebnis	3 319,6	2 761,9	2 808,3
Zinsaufwand – abzüglich aktivierter Zinsen von $ **14,3**, 17,9 und 22,7	**396,3**	413,8	364,4
Betriebsfremder Aufwand	39,2	40,7	36,6
Ertrag vor Rückstellungen für Ertragsteuern	**2 884,1**	2 307,4	2 407,4

Die Berechnung ...

Zinsdeckung ohne aktivierte Zinsen   **8,3**
(Rechenweg)   (2 884,1 + 396,3)/396,3

McDonald's Ertrag vor Steuern plus Zinsaufwand wird geteilt durch den Zinsaufwand.

Zinsdeckung zuzüglich aktivierter Zinsen   **8,0**

(Rechenweg)   (2 884,1 + 396,3)/(396,3 + 14,3)

McDonald's Ertrag vor Steuern plus Zinsaufwand wird geteilt durch den Zinsaufwand zuzüglich aktivierter Zinsen

---

McDonald's weist lobenswert offen darauf hin, dass ein relativ bescheidener Anteil seiner Zinsrechnung aktiviert wird. Die Zahl steht vermutlich für die durch den Bau neuer Restaurants vor deren Eröffnung anfallenden Zinsen. Ob sie berücksichtigt werden oder nicht, hat kaum Einfluss auf die Zinsdeckung.

Ein weiterer Knackpunkt der beiden alternativen Berechnungsmethoden ist, dass der aktivierte Zinsposten lediglich zum Zähler zurückaddiert werden muss, um die Zinsdeckung unter Berücksichtigung der aktivierten Zinsen zu ermitteln. Der Gewinn vor Steuern bleibt stets gleich, ob aktivierte Zinsen eingerechnet werden oder nicht.

Die Bedeutung

Die Zinsdeckung ist in mehrerlei Hinsicht von Bedeutung. Zunächst einmal ist sie eine der Schlüsselzahlen, die von Kreditgebern und Anleiheinhabern verfolgt werden. Anleiheemissionen enthalten häufig Klauseln (Bestimmungen), die Vertragsstrafen vorsehen für den Fall, dass die Zinsdeckung unter einen bestimmten Wert sinkt.

Die Zinsdeckung kann außerdem als Ersatzindikator dafür herangezogen werden, wie empfindlich das Unternehmen auf Zinsänderungen reagiert – oder eben nicht. Hierzu ist aber zu analysieren, welcher Art die Verbindlichkeiten sind, die die vom Unternehmen zu zahlenden Zinsen verursachen. Ist ein großer Anteil variabel verzinslich, so könnte sich die Zinsbelastung deutlich verringern, wenn die Zinsen sinken. Der Gewinn vor Steuern würde damit steigen.

Darüber hinaus ist die Zinsdeckung aber auch ein allgemeiner Indikator dafür, wie robust ein Unternehmen ist. Aus einem geringen Niveau bei der Zinsdeckung könnte die Konkurrenz (und womöglich auch die Anleger) schlussfolgern, dass das betreffende Unternehmen außerstande ist, eine längere Phase des aggressiven Preiskampfes zu überstehen, der auf die Gewinne drückt.

Ein gewisses Maß an Verbindlichkeiten – und die damit verbundenen Zinszahlungen – kann bei einem von Grund auf gesunden Unternehmen Hebelwirkung ausüben und die Erträge der Aktionäre steigern. Es kann sich aber auch negativ auswirken, wenn das Unternehmen gerade schwere Zeiten durchläuft, durch die das Ausmaß von Gewinneinbußen verstärkt wird.

Schließlich hat die Zinsdeckung in der Praxis wenig Aussagekraft, wenn das Unternehmen in der Bilanz einen Überschuss an liquiden Mitteln ausweist und daher kein Nettozinsaufwand zu verbuchen ist.

2.3 Ertrag pro Aktie

Die Definition

Die Berechnung der *Earnings per share* (EPS), also des Ertrags pro Aktie, liefert uns die Schlüsselkomponente für die Ermittlung mehrerer weiterer Unternehmenskennzahlen. Wir verstehen darunter den auf die Stammaktionäre entfallenden Anteil am Nettogewinn, geteilt durch den gewichteten Durchschnitt aller im fraglichen Zeitraum in Umlauf befindlichen Aktien.

Die Formel

Ertrag pro Aktie = Anteil am Nettogewinn/gewichteter Durchschnitt ausgegebener Aktien

Die Komponenten

Gewichteter Durchschnitt der ausgegebenen Aktien – die zeitlich gewichtete durchschnittliche Anzahl der Aktien, die sich im betreffenden Jahr in Umlauf befinden. Es sind dabei alle Aktien einzubeziehen, die ausgegeben und börsengängig sind.

Bisweilen wird der Ertrag pro Aktie auf der Grundlage der in Umlauf befindlichen »voll verwässerten« ausgegebenen Aktien berechnet. Zu diesem Zweck werden zusätzlich die Aktien eingerechnet, die in Zukunft ausgegeben werden könnten – etwa infolge der Ausübung von Aktienoptionen durch Führungskräfte.

Ebenso sollten Aktiensplits berücksichtigt werden. Die Berechnung des gewichteten Durchschnitts erfolgt normalerweise auf Monatsbasis. Kommt es beispielsweise im achten Monat des Betrachtungsjahres zu einer Zunahme der ausgegebenen Aktien, so würde die Gesamtzahl der in Umlauf befindlichen Aktien nach diesem Anstieg mit 4/12 gewichtet, die ursprüngliche Zahl in Umlauf befindlicher Aktien mit 8/12.

Wo finde ich die nötigen Daten?

Auf die Aktionäre entfallender Nettogewinn – ist normalerweise ganz unten in der Gewinn-und-Verlust-Rechnung zu finden, und zwar in der Zeile unmittelbar oberhalb des Aufwands für Dividenden auf Stammaktien.

Gewichteter Durchschnitt ausgegebener Aktien – ist meist in den Erläuterungen zum Jahresabschluss angegeben. Ein Verweis findet sich bei den Angaben zum Ertrag pro Aktie in der Gewinn-und-Verlust-Rechnung. Der Ertrag pro Aktie wird jedoch häufig für die Anleger berechnet und am Ende der Gewinn-und-Verlust-Rechnung ausgewiesen. In den Erläuterungen wird gewöhnlich angegeben, welche gewichtete Durchschnittszahl zur Berechnung herangezogen wurde.

Gelegentlich wird der »voll verwässerte« Ertrag pro Aktie angegeben. In diesem Fall geht man bei der Ermittlung der ausgegebenen Aktien von der Annahme aus, dass alle in Umlauf befindlichen Aktienoptionen ausgeübt werden und alle wandelbaren Vorzugsaktien oder Wandelanleihen – so vorhanden – umgewandelt werden. Im letzteren Fall wären gegebenenfalls alle im Zusammenhang mit wandelbaren Wertpapieren fälligen Abzüge – etwa Zinsen auf Wandelanleihen oder Dividenden auf wandelbare Vorzugsaktien – um die Steuern zu berichtigen und vor der Berechnung der Kennzahl dem Nettogewinn zuzuschlagen.

Die Berechnung – die Theorie

Abbildung 11.1 zeigt die verschiedenen Zahlen, die dem Jahresabschluss zu entnehmen sind, und ihren Einsatz bei der Berechnung der Kennzahl.

Abbildung 11.1 Berechnung der Unternehmenskennzahl »Ertrag pro Aktie«

Universal Widgets plc hat:

Gewinn nach Steuern	£7,5 Mio.
Erträge Dritter aus Minderheitsbeteiligungen	£0,5 Mio.
Dividenden auf Vorzugsaktien	£0,2 Mio.
Ausgegebene Aktien zu Jahresbeginn	20 Mio.
Ende August zusätzlich ausgegebene Aktien	4 Mio.
Aktien am 31. Dezember	24 Mio.
Auf die Aktionäre entfallender Gewinn	£6,8 Mio.
(Rechenweg)	$(7,5 - 0,5 - 0,2)$
Gewichteter Durchschnitt der ausgegebenen Aktien	21,333 Mio.
(Rechenweg)	$(8/12 \times 20) + (4/12 \times 24)$
Ertrag pro Aktie	**31,9 Pence**
(Rechenweg)	$(6,8/21,333) \times 100$

Abbildung 11.2 zeigt, wie die fett gedruckten Zahlen aus diesem Auszug aus dem Jahresabschluss des deutschen Versorgungsunternehmens RWE zur Unternehmenskennzahl kombiniert werden. Nähere Informationen über das Unternehmen finden Sie unter *www.rwe.com*.

Abbildung 11.2 Berechnung des Ertrags pro Aktie für RWE auf der Basis des Jahresabschlusses 2000

Die Zahlen ...

Konzern-Gewinn-und-Verlust-Rechnung
für das Jahr zum 30. Juni

(S. 98 im veröffentlichten Jahresabschluss von RWE)	2000 (€ Mio.)	1999 (€ Mio.)
Ergebnis vor Steuern	2 151	2 722
Ertragsteuern	595	1 177
Ergebnis nach Steuern	1 556	1 545
Erträge Dritter aus Minderheitsbeteiligungen	344	396
Nettoergebnis	**1 212**	**1 149**
Anmerkung 23 (S. 129)		
Nettoergebnis Mio. €	**1 212**	**1 149**
Dividende je Aktie €	1,00	1,00
Zahl der im Umlauf befindlichen Aktien		
(gewichteter Durchschnitt) in Tsd. Stück	**541 545**	**555 251**

Die Berechnung ...

Ertrag pro Aktie (in €)	**2,24**	**2,07**
(Rechenweg ... in Millionen)	(1 212/541 545)	(1 149/555 251)

Beide Male wird der Nettogewinn von RWE durch den gewichteten Durchschnitt der Zahl an im selben Jahr im Umlauf befindlichen Aktien geteilt.

Diese Berechnung wirkt recht unkompliziert, doch RWE führt in den Erläuterungen zum Jahresabschluss an, dass sich auch Vorzugsaktien in Umlauf befinden und dass die beiden Klassen von Aktien (Vorzugsaktien und Stammaktien) zur Berechnung des Ertrags pro Aktie zusammengefasst werden, als gäbe es keinen Unterschied.

Aus dem Jahresabschluss allein geht nicht hervor, ob auf die Vorzugsaktien Dividenden auszuschütten sind. Der Erläuterung zum Ertrag pro Aktie nach zu urteilen, beziehen sich die Unterschiede zwischen den beiden Aktienklassen auf Stimmrechte, nicht etwa auf eine bevorzugte Berücksichtigung bei der Dividendenausschüttung. Daher werden die beiden Klassen von Aktien bei der Errechnung des gewichteten Durchschnitts ausgegebener Aktien zusammengefasst.

Der aus der Berechnung ersichtliche Rückgang der gewichteten Durchschnittszahl an Aktien ist darauf zurückzuführen, dass ein beträchtlicher Anteil der Vorzugsaktien im Laufe des Jahres vom Unternehmen zurückgekauft wurde.

Desgleichen wird in der Erläuterung auf die Möglichkeit der Verwässerung durch Aktienoptionen und Wandelanleihen hingewiesen. Hierfür liegen keine Berechnungen vor, wobei jedoch festgestellt wird, dass der verwässerte Ertrag pro Aktie nicht wesentlich anders ausfallen würde.

Die Bedeutung

Die Berechnung des Ertrags je Aktie ist in mehrfacher Hinsicht ein wichtiger Maßstab für die wirtschaftliche Leistung eines Unternehmens. Es ist dennoch unklug, diese Kennzahl nur für sich genommen zu betrachten. Ein Grund dafür liegt in den Methoden der Rechnungslegung, die sich von Unternehmen zu Unternehmen und von Land zu Land unterscheiden. Es ist manchmal nicht ganz leicht festzustellen, ob man auch tatsächlich Gleiches mit Gleichem vergleicht.

Auch die Gewinne können so manipuliert werden, dass sich eine glatte, gefällige Aufwärtskurve ergibt. Kleine Veränderungen bei der Abschreibungspraxis, die Einrechnung von Vermögenserträgen, die Aktivierung von Zinsen und Käufe eigener Aktien können verwendet werden, um den Ertrag pro Aktie zu beeinflussen. Wer nur die nackte Ertragszahl als solche betrachtet, kann daher irregeführt werden.

Auch hinsichtlich der Berücksichtigung von Verwässerungseffekten gehen die Meinungen auseinander. Wandelanleihen sind häufig nur zu einem festgesetzten Zeitpunkt in der Zukunft wandelbar. Und selbst wenn sie zum aktuellen Zeitpunkt umgewandelt werden könnten, so würde das nur geschehen, wenn der aktuelle Kurs der zugrunde liegenden Aktie dem Inhaber der

Wandelanleihe attraktiv erscheint. Liegt der Aktienkurs also deutlich unterhalb des Konversionspreises, dann ist das Auftreten von Verwässerungseffekten in der Praxis eher unwahrscheinlich.

Ich verwende hier bevorzugt dann den verwässerten Ertrag, wenn sich das Unternehmen in der Konversionsphase befindet – selbst wenn sich der Aktienkurs auf einem Niveau bewegt, das nicht zur Umwandlung anregt. Hat eine Wandelanleihe den Umtauschzeitraum noch nicht erreicht, so würde ich den unverwässerten Ertrag heranziehen.

Bei Aktienoptionen ist der verwässerte Ertrag die realistische Variante – wenn die Optionen aller Wahrscheinlichkeit nach in der näheren Zukunft ausgeübt werden oder der Verwässerungseffekt beträchtlich ist.

Im Übrigen ist hier der gesunde Menschenverstand gefragt. Das Ertragswachstum ist zweifelsohne eine entscheidende Zahl. Achten Sie jedoch bei der Berechnung der Erträge eines Unternehmens für mehrere Jahre in Folge oder beim Vergleich verschiedener Unternehmen unbedingt darauf, dass alle Berechnungen auf derselben Grundlage ausgeführt werden.

2.4 Dividendendeckung

Die Definition

Unter *Dividendendeckung* ist zu verstehen, wie viel Mal die an die Aktionäre ausgeschütteten Dividenden von dem auf die Aktionäre entfallenden Gewinn gedeckt sind.

Die Formeln

Dividendendeckung = Ertrag pro Aktie/Dividende pro Aktie

oder

Dividendendeckung = auf die Stammaktionäre entfallender Nettogewinn/ Aufwendungen für Dividenden im entsprechenden Jahr

Die Komponenten

Nettogewinn – der nach Abzug von Steuern und Erträgen Dritter aus Minderheitsbeteiligungen auf die Aktionäre entfallende Gewinn. Unter Erträgen Dritter aus Minderheitsbeteiligungen ist der Anteil am Gewinn zu verstehen, der auf fremde Anteilseigner an Tochterunternehmen entfällt, die sich nicht zu 100 Prozent in Unternehmensbesitz befinden. Die Verwendung voll verwässerter Erträge pro Aktie bei der Berechnung der Dividendendeckung ist zu hypothetisch. Im Zweifel zieht man am besten den absoluten Betrag anstelle des Betrages pro Aktie heran.

Ausgegebene Aktien (Stammaktien) in Umlauf – Aktien, die ausgegeben wurden und öffentlich gehandelt werden können. Dazu gehören auch solche Aktien, die sich fest in der Hand von Direktoren und deren Familienangehörigen befinden – auch wenn unwahrscheinlich ist, dass sie den Besitzer wechseln.

Für die Berechnung des Ertrags je Aktie nimmt man gewöhnlich den »gewichteten Durchschnitt« der in Umlauf befindlichen Aktien. Wie bereits an anderer Stelle erläutert, gibt diese Zahl wieder, wie viele Aktien sich durchschnittlich in dem Zeitraum in Umlauf befunden haben, in dem die Erträge erwirtschaftet wurden, wobei solche Aktien, die während des Betrachtungszeitraums zusätzlich emittiert wurden, nach Maßgabe ihres Emissionsdatum gewichtet werden. Aktien, die zu Beginn des Jahres in Umlauf waren, haben mehr Gewicht als solche, die erst zum Jahresende hin emittiert wurden. Dieses Konzept wird im Rahmen des Kapitels zum Ertrag pro Aktie näher erläutert. Im Zweifel zieht man am besten den absoluten Betrag anstelle des Betrages pro Aktie heran.

Dividendenaufwand – Er ist meist im Jahresabschluss enthalten und wird gewöhnlich berechnet, indem der Gesamtbetrag der Dividenden pro Aktie fürs ganze Jahr mit der Anzahl der dividendenberechtigten Aktien multipliziert wird. Der im fraglichen Jahr tatsächlich ausgeschüttete Betrag kann durchaus von dieser Zahl abweichen, denn der Auszahlungstermin für die für das Berichtsjahr angekündigte Abschlussdividende wird erst mitgeteilt, wenn das Ergebnis des abgeschlossenen Geschäftsjahrs veröffentlicht wird – also definitiv nach Ablauf des Geschäftsjahres.

Wo finde ich die nötigen Daten?

Nettogewinn – ist der Gewinn-und-Verlust-Rechnung (Erfolgsrechnung) zu entnehmen und gewöhnlich ganz unten auf der Seite zu finden. Anzusetzen ist hier der auf die Stammaktionäre entfallende Gewinn – der Gewinn vor Abzug etwaiger Dividendenausschüttungen auf Stammaktien nämlich.

Ertrag pro Aktie – wird gewöhnlich separat ausgewiesen, und zwar direkt im Anschluss an die Angabe zum Nettogewinn. Gibt es einen Verwässerungsfaktor aufgrund wahrscheinlicher zukünftiger Emissionen neuer Aktien – etwa infolge der Ausübung von Aktienoptionen durch Führungskräfte –, so kann dieser bei der Berechnung des Ertrags pro Aktie berücksichtigt und gesondert aufgeführt werden. Ist der Unterschied nur gering, so kann er bei der Berechnung der Dividendendeckung unberücksichtigt bleiben.

Ausgegebene Aktien (Stammaktien) in Umlauf – die detaillierte Berechnung des Ertrags pro Aktie wird gewöhnlich in einer Erläuterung zum Jahresabschluss dargelegt. Die Gewinn-und-Verlust-Rechnung ist mit einem entsprechenden Verweis versehen. In der entsprechenden Anmerkung sollte der für die Berechnung verwendete gewichtete Durchschnitt in Umlauf befindlicher Aktien ausdrücklich angegeben werden.

Dividendenaufwand – ist normalerweise in der Gewinn-und-Verlust-Rechnung unmittelbar nach der Angabe des auf die Aktionäre entfallenden Nettogewinns ausgewiesen. Ansonsten ist er meist in einer der Erläuterungen zum Jahresabschluss enthalten. Hier sollten auch die pro Aktie ausbezahlten Dividendenbeträge angegeben sein. In jedem Fall sind der Nettoaufwand für das Unternehmen und der Betrag heranzuziehen, den die Aktionäre tatsächlich erhalten haben – ungeachtet etwaiger angenommener Steuerabzüge.

Die Dividende pro Aktie sowie der Ertrag pro Aktie für das betrachtete Jahr sind gewöhnlich auch in den Schlüsselzahlen oder in der Zusammenfassung der Geschäftstätigkeit der letzten fünf Jahre enthalten, die viele Unternehmen ihrem Jahresabschluss beifügen. Diese Zahlen können die Berechnung der Dividendendeckung erleichtern.

Die Berechnung – die Theorie

Abbildung 12.1 zeigt die verschiedenen Zahlen, die dem Jahresabschluss zu entnehmen sind, und ihren Einsatz bei der Berechnung der Kennzahl.

Abbildung 12.1 Berechnung der Unternehmenskennzahl »Dividendendeckung«

Singapore Widgets Pte hat:	
auf die Aktionäre entfallender Gewinn	$50 Mio.
Dividendenaufwand	$15 Mio.
Zu Beginn und am Ende des Jahres in Umlauf befindliche Aktien	10,0 Mio.
Daher Ertrag pro Aktie	$5
Dividende pro Aktie	41,5
Dividendendeckung	**3,33 Mal**
(Rechenweg)	(5/1,5 oder 50/15)

Abbildung 12.2 zeigt, wie die fett gedruckten Zahlen aus diesem Auszug aus dem Jahresabschluss von Chugoku Electric Power (nähere Informationen unter *www.energia.co.jp*) zur Unternehmenskennzahl kombiniert werden.

Abbildung 12.2 Berechnung der Dividendendeckung für Chugoku Electric Power auf der Basis des Jahresabschlusses 2000

Die Zahlen ...

Konsolidierte Gewinn-und-Verlust-Rechnung für das Jahr zum 31. März (S. 24 im veröffentlichten Jahresabschluss von Chugoku Electric Power)	¥ (Millionen)		
	2000	1999	1998
Gewinn vor Berücksichtigung von Anteilen in Fremdbesitz	27 633	29 205	30 214
Erträge auf Anteile in Fremdbesitz	–18	101	–51
Nettogewinn	27 615	29 306	30 163
Angaben pro Aktie (Erläuterung 2)			
Nettoertrag (unverwässert)	¥74,43	78,98	81,29
Nettoertrag (verwässert)	73,88	78,32	80,57
Im Berichtsjahr auszuschüttende Dividenden	60,00	50,00	50,00

	¥ (Millionen)
Konsolidierte Kapitalflussrechnung (S. 26)	2 000
Mittelzu-/-abflüsse aus Finanzierungstätigkeit Ausgeschüttete Dividenden	–18 529

Die Berechnung ...

Dividendendeckung (berechnet pro Aktie)	**1,24**
(Rechenweg)	(74,43/60,00)

Chugokus unverwässerter Nettoertrag pro Aktie wird durch die Jahresdividende geteilt.

Dividendendeckung (berechnet auf der Basis tatsächlicher Geldbeträge)	**1,49**
(Rechenweg)	(27 615/18 529)

Chugokus Nettogewinn von 27 615 Milliarden Yen wird durch den in der Kapitalflussrechnung ausgewiesenen Aufwand für die Auszahlung von Dividenden in Höhe von 18,5 Milliarden Yen geteilt.

Aus Abbildung 12.2 werden verschiedene Probleme ersichtlich, die bei der Berechnung der Dividendendeckung auftauchen können. Bei der ersten Berechnung wird konventionell der Ertrag pro Aktie durch die Dividende pro Aktie geteilt. Es ist zwar ein ertragsverwässernder Faktor vorhanden, doch er ist vernachlässigbar gering.

Bei Verwendung der tatsächlichen Geldbeträge wird deutlich, wie sich die Berechnungen unterscheiden. Der Jahresabschluss von Chugoku enthält auf den ersten Blick keine Angaben zu den tatsächlichen vorausberechneten Aufwendungen für Dividenden für das Geschäftsjahr bis März 2000. Die Berechnung der Kennzahl auf der Grundlage des Dividendenaufwands aus der Kapitalflussrechnung ergibt eine großzügigere Zahl für die Dividendendeckung.

Grund dafür ist, dass der für das Jahr ausgewiesene Aufwand die Schlussdividende des vorangegangene Geschäftsjahres 1999 sowie die Zwischendividende für das Jahr bis März 2000 enthält. Weil die Dividende in diesem Fall vom einen aufs andere Jahr gestiegen ist, wird der Aufwand im Jahr geringer sein als der Betrag, der anschließend für das Jahr bis März 2000 ausbezahlt wurde.

Die Bedeutung

Die Dividendendeckung ist eine wichtige Maßzahl für die Beurteilung von Aktien, die wegen ihrer Dividendenrendite gekauft werden, und auch für eine Einschätzung der Wahrscheinlichkeit, mit der die Dividendenzahlungen in näherer Zukunft gekürzt werden dürften oder eben nicht.

Bei der Beurteilung von hoch rentierlichen Aktien ist die Dividendendeckung daher ein wichtiger Indikator für die Zuverlässigkeit der Erträge. Eine Aktie mit einer Dividendenrendite von 7 Prozent und einer Deckung von 1,5 ist womöglich sicherer als eine solche mit einer Dividendenrendite von 8 Prozent, bei der die Dividendendeckung jedoch nur 1,1 beträgt.

Ob minimal gedeckte Dividenden tatsächlich beibehalten oder gekürzt werden, ist darüber hinaus ein aussagekräftiger Hinweis auf die Erwartungen des Managements zum Ertragswachstum im Folgejahr. Die Entscheidung über die Abschlussdividende für das Jahr wird oft erst getroffen, wenn das neue Geschäftsjahr bereits drei Monate läuft. Zu diesem Zeitpunkt hat die Geschäftsleitung womöglich schon einen Eindruck davon, in welche Richtung die Reise geht.

Bei Wachstumsaktien dagegen betrachten Investoren die Dividendendeckung von einer ganz anderen Warte – nämlich als Möglichkeit zur Berechnung des Anteils am Gewinn, der für zukünftige Investitionen vom Unternehmen einbehalten wird. Das ist besonders wichtig, wenn das Management ein Händchen dafür besitzt, aus den Vermögenswerten des Unternehmens hohe Erträge zu erwirtschaften. Je mehr diese Vermögenswerte durch einbehaltene Gewinne vergrößert werden können, desto größer das zukünftige Ertragspotenzial.

Viele der ausgesprochen wachstumsorientierten Unternehmen zahlen gar keine Dividenden aus – und das nicht nur, weil sie in manchen Fällen keinen Gewinn machen. Für ertrags- und wachstumsstarke Unternehmen ist es sinnvoller, Gewinne einzubehalten, als sie an ihre Aktionäre auszuschütten.

Teil 3
Unternehmenskennzahlen aus der Bilanz

In guten Zeiten interessieren sich viele Anleger kaum für die Bilanzen der Unternehmen, in die sie investieren. Das ist ein Fehler. Die Zeiten ändern sich, und ein Unternehmen, das bei günstigem Klima absolut gesund wirkt, kann sich plötzlich als sehr anfällig erweisen, wenn sich ein Sturm zusammenbraut.

Kommt es ganz schlimm, so ist ein Unternehmen oft nur noch so viel wert, wie beim Verkauf aller Vermögenswerte erzielt werden kann. In einer solchen Situation könnten auch immaterielle Dinge wie Personal, Markennamen, Auftragsbücher und Geschäftskontakte zu den veräußerlichen Vermögenswerten zählen, doch sind sie schwer zu messen. Wie viel ist ein gescheitertes Dotcom-Unternehmen ohne eine einzigartige Vertriebsposition und ohne Mitarbeiter wert?

In diesem Teil des Buches geht es in erster Linie darum, was messbar ist und wie man diesbezügliche Informationen möglichst nutzbringend einsetzt.

Der Einsatz der zur Bilanzanalyse verfügbaren »Unternehmenskennzahlen« ist ebenfalls angezeigt für Unternehmen, die nicht nach ihren Gewinnen bewertet werden, sondern konventionell auf der Grundlage ihrer Vermögenswerte. Dazu gehören Immobilienunternehmen und manche Einzelhändler, die in Wirklichkeit eigentlich auch Immobilienfirmen sind, außerdem Investmentgesellschaften und Versicherungskonzerne.

Hören Sie nicht auf jene, die sagen, die Zeiten hätten sich geändert und Bilanzen spielten keine Rolle mehr. Das ist nur das erste Anzeichen für ein bevorstehendes Unwetter.

Bedenken Sie jedoch, dass Bilanzen zwar unabdingbar sind für die tiefere Einsichtnahme in ein Unternehmen, dass dazu aber einiges an Recherchearbeit erforderlich ist. Unternehmen unterscheiden sich hinsichtlich der Verbuchung bestimmter Posten. So manche wichtige Information kann sich in den Erläuterungen zum Jahresabschluss verbergen und schwer herauszufiltern sein. Im Großen und Ganzen wird die Bilanzierungspraxis allerdings immer einheitlicher und transparenter. Unterschiede zwischen den Gepflogenheiten in verschiedenen Ländern werden allmählich geringer. Abgeschlossen ist dieser Angleichungsprozess jedoch vorerst noch nicht.

Unternehmenskennzahlen. Peter Temple.
Copyright © 2007 WILEY-VCH Verlag GmbH & Co. KGaA, Weinheim
ISBN 978-3-527-50298-1

Die in diesem Teil dargelegten »Unternehmenskennzahlen« werden Ihnen helfen, den wahren Wert eines Unternehmens zu ermitteln und irreführende Oberflächenkosmetik zu durchschauen.

Die »Unternehmenskennzahlen« aus Bilanzen sind in vielerlei Hinsicht hilfreich:

- Die Liquidität dritten und ersten Grades (im Englischen geläufig als »current ratio« beziehungsweise »acid ratio«) zeigen uns, welche Ressourcen dem Unternehmen kurzfristig zur Verfügung stehen (oder eben nicht).
- Debitoren- und Kreditorenziel verraten Ihnen, wie schnell ein Unternehmen Geld von seinen Kunden einzieht und wie schnell es seine Lieferanten bezahlt.
- Der Lagerumschlag sagt aus, wie effizient das Unternehmen Waren und Erzeugnisse umschlägt.
- Der statische Verschuldungsgrad beschreibt das Verhältnis von Fremd- zu Eigenkapital und ist ein Indikator dafür, wie empfindlich das betreffende Unternehmen auf Zinsänderungen reagiert.
- Das Kurs-Liquiditäts-Verhältnis weist aus, inwieweit der Aktienkurs durch Liquidität gedeckt ist. Das ist besonders in schweren Zeiten wichtig.
- Die so genannte »Burn Rate« – die Geschwindigkeit, mir der Finanzüberschüsse verbraucht werden – sagt aus, wie schnell ein Verlust machendes Unternehmen seine Barreserven erschöpft. Diese Kennzahl hat insbesondere im Zusammenhang mit der Bewertung von Internetunternehmen ihre Berechtigung.
- Die Kapitalrentabilität zeigt, wie viel Ertrag das Management aus dem ihm zur Verfügung stehenden Eigen- wie Fremdkapital generieren kann.
- Die Eigenkapitalrentabilität misst die Produktivität der Nutzung des von den Aktionären eingezahlten Kapitals durch das Management. Sie ist besonders entscheidend für die Bewertung von Wachstumsunternehmen.
- Der Substanzwert oder innere Wert oder Nettovermögenswert (»Net Asset Value«, NAV) ist ein Maßstab für den Wert der zugrunde liegenden Vermögensgegenstände des Unternehmens pro Aktie, kann jedoch auf mehrere verschiedene Arten berechnet werden.
- Der Auf- oder Abschlag auf den Nettovermögenswert legt dar, wo sich der Kurs in Relation zum inneren Wert befindet, und wird häufig zur Bewertung von Investmentgesellschaften oder größeren Immobilienkonzernen herangezogen.

Noch mehr als für die bisher dargestellten gilt für die gerade genannten Kennzahlen, dass nicht alle dieser »Unternehmenskennzahlen« für jedes

Unternehmen die gleiche Bedeutung haben. Ungeachtet dessen ist jede einzelne von ihnen ein maßgeblicher Bestandteil der Werkzeugkiste, die dem Anleger zur Verfügung steht.

Debitoren- und Kreditorenziel sowie Lagerumschlag sind besonders aussagekräftig für Unternehmen, die Rohmaterial extern einkaufen und weiterverarbeiten oder die bei der Gewinngenerierung auf effizienten Vertrieb setzen. Das Debitorenziel (das aussagt, wie schnell die Kunden zahlen) ist selbstredend irrelevant in Branchen, in denen bar gezahlt wird – denn dort fließt das Geld sofort.

Der Verschuldungsgrad ist wenig bedeutsam, wenn ein Unternehmen nur minimal verschuldet ist, sollte jedoch stets überprüft werden. Wie schnell überschüssiges Kapital aufgezehrt wird, ist wesentlich für die Beurteilung von Verlustunternehmen. Daher sollte die Burn Rate immer wieder neu berechnet werden, sobald neue Finanzinformationen zur Verfügung stehen. So lassen sich diesbezügliche Veränderungen feststellen.

Die Eigenkapitalrendite ist eine wichtige Messgröße dafür, wie sich Wachstumsaktien wohl weiterentwickeln werden. Sie ist wichtigster Bestandteil einer anderen Kennzahl, die wir später noch näher betrachten wollen. Sie muss unbedingt korrekt berechnet werden.

Der Nettovermögenswert und sein Verhältnis zum Aktienkurs sind für ganz bestimmte Arten von Unternehmen relevant. Für andere, insbesondere solche, deren immaterielle Vermögenswerte schwer zu erfassen sind, sind Berechnung und Verwendung eher kompliziert.

In den folgenden Kapiteln wird jede einzelne der zehn »Bilanzzahlen« näher erläutert. Und auf geht's ...

3.1 Liquiditätskennzahlen

Die Definition

Hier haben wir es mit zwei Kennzahlen zu tun, die Auskunft geben über die kurzfristige Liquidität eines Unternehmens.

Die *Liquidität dritten Grades* (»current ratio«) vergleicht das Umlaufvermögen (gewöhnlich Vorräte, Forderungen – also Geld, das von Kunden geschuldet wird – und flüssige Mittel) mit den kurzfristigen Verbindlichkeiten. Zu den kurzfristigen Verbindlichkeiten gehören Überziehungskredite, Verbindlichkeiten gegenüber Lieferanten und Steuerbehörden sowie sonstige kurzfristig fällige Zahlungen.

Die *Liquidität ersten Grades* (»acid test ratio«), auch Liquiditätskoeffizient genannt, entspricht mehr oder weniger der Liquidität dritten Grades, wobei allerdings das Umlaufvermögen ohne Vorräte herangezogen wird. Die Überlegung dahinter lautet, dass man in Extremsituationen Vorräte oft nicht zum vollen Preis verkaufen kann.

Die Formeln

Liquidität dritten Grades = Umlaufvermögen/kurzfristige Verbindlichkeiten

Liquidität ersten Grades = (Umlaufvermögen – Vorräte)/kurzfristige Verbindlichkeiten

Die Komponenten

Umlaufvermögen – üblicherweise Vorräte (oder Lagerbestände), Debitoren (Forderungen aus Lieferungen und Leistungen) und flüssige Mittel. Vorräte werden weiter unten noch genauer definiert.

Debitoren (Forderungen aus Lieferungen und Leistungen, kurz »Forderungen«) – geben an, wie viel Geld die Kunden dem Unternehmen schulden.

Flüssige Mittel – wie der Name schon sagt.

Zum Umlaufvermögen gehören manchmal auch kurzfristige Finanzanlagen. Damit sie unter Umlaufvermögen fallen, muss es sich dabei um jederzeit verkäufliche Wertpapiere (wie kurz laufende Staatsanleihen oder Geldmarktpapiere) handeln – um Papiere also, deren Wert nur geringfügigen kurzfristigen Schwankungen unterliegt und die schnell abgestoßen und in Bargeld umgewandelt werden können.

Vorräte (manchmal auch als Lagerbestände bezeichnet) – sind unverkaufte fertige Waren oder solche, die noch in der Produktion sind. Bei Unternehmen, die langfristige Verträge abschließen, wird manchmal auch der Wert halb fertiger Erzeugnisse, die noch nicht in Rechnung gestellt wurden, in die Definition einbezogen.

Die Kontrolle der Lagerbestände ist unabdingbar für die Gesundheit eines Unternehmens. Vorräte sind Produkte, die in Bargeld umgewandelt werden können. Werden zu viele Vorräte gehalten, so wird unnötig Kapital gebunden. Für ein Unternehmen, das in Schwierigkeiten gerät, oder eines, das Modeartikel vertreibt, sind unverkaufte Lagerbestände unter Umständen bei weitem nicht so leicht absetzbar, wie es vielleicht den Anschein hat – zumindest nicht zum »normalen« Preis. Um sie in bare Münze zu verwandeln, muss das Unternehmen Käufer womöglich mit deutlichen Preisnachlässen locken.

Kurzfristige Verbindlichkeiten – sind nach britischer Buchhaltungspraxis »Kreditoren mit Fälligkeit innerhalb eines Jahres«. Das ist ein Oberbegriff für ein Sammelsurium verschiedenster Posten. Dazu gehören: kurzfristige Bankkredite und sonstige Schulden, die innerhalb eines Jahres zurückzuzahlen sind; Verbindlichkeiten gegenüber Lieferanten (deren Forderungen aus Lieferungen und Leistungen); Verbindlichkeiten gegenüber Behörden, etwa fällige Steuerzahlungen, Sozialversicherungsabgaben, Umsatzsteuern und sonstige Posten; und Dividenden an Aktionäre. Solche Zahlungen können kaum länger hinausgeschoben werden, ohne dass das Unternehmen Schwierigkeiten bekommt.

Wo finde ich die nötigen Daten?

Umlaufvermögen – erscheint in der Konzernbilanz, gewöhnlich direkt unterhalb der Posten des Anlagevermögens. Die einzelnen Bestandteile werden normalerweise in den Erläuterungen zum Jahresabschluss genau beschrieben.

Vorräte – sind Bestandteil der Posten des Umlaufvermögens in der Konzernbilanz. Nähere Einzelheiten zu Vorräten (Lagerbeständen) können auch in den Erläuterungen zum Jahresabschluss mit Bezug zum Umlaufvermögen enthalten sein. Ein Hinweis darauf, wie die Vorräte bewertet wurden, ist manchmal der Erläuterung der maßgeblichen Rechnungslegungsgrundsätze zu entnehmen.

Kurzfristige Verbindlichkeiten – sind ebenfalls in der Konzernbilanz aufgeführt, gewöhnlich gleich nach dem Posten »Umlaufvermögen«. Sie können als »kurzfristige Verbindlichkeiten« oder auch als »kurzfristige Kreditoren« bezeichnet werden oder aber als »Verbindlichkeiten mit Laufzeit unter einem Jahr«.

Die Berechnung – die Theorie

Abbildung 13.1 zeigt die verschiedenen Zahlen, die dem Jahresabschluss zu entnehmen sind, und ihren Einsatz bei der Berechnung der Kennzahl.

Abbildung 13.1 Berechnung der Kennzahl »Liquidität dritten/ersten Grades«

Bei Universal Widgets plc stellen sich Umlaufvermögen und kurzfristige Verbindlichkeiten folgendermaßen dar:

	£ Mio.
Umlaufvermögen	
Vorräte	20
Forderungen	15
Flüssige Mittel	10
Summe	**45**
Kurzfristige Verbindlichkeiten	
Kurzfristige Kredite	5
Verbindlichkeiten aus Lieferungen und Leistungen	14
Sonstige kurzfristige Verbindlichkeiten	11
Summe	**30**
Liquidität dritten Grades	**1,5**
(Rechenweg)	(45/30)
Liquidität ersten Grades	**0,83**
(Rechenweg)	(45 – 20)/30

Abbildung 13.2 zeigt, wie die fett gedruckten Zahlen aus diesem Auszug aus dem Jahresabschluss von BP zur »Unternehmenskennzahl« kombiniert werden. Weitere Informationen finden Sie auf der unternehmenseigenen Website unter *www.bp.com*. BP ist ein Öl- und Petrochemieunternehmen mit Sitz in Großbritannien.

Abbildung 13.2 Berechnung der Liquidität dritten und ersten Grades für BP auf der Basis des Jahresabschlusses 1999

Die Zahlen ...

Kurzfassung der Konzernbilanz zum 31. Dezember (S. 31 im veröffentlichten Jahresabschluss von BP)	$ Mio. 1999	1998
Umlaufvermögen		
Vorräte	**5 124**	3 642
Forderungen	16 802	12 709
Wertpapiere	220	470
Banken und Kasse	1 331	405
	23 477	17 226
Verbindlichkeiten – Beträge mit Fälligkeit unter einem Jahr		
Bankschulden	**4 900**	4 114
Sonstige Verbindlichkeiten	18 375	15 329
Gegenstände des Umlaufvermögens (Verbindlichkeiten)	202	−2 217

Die Berechnung ...

Liquidität dritten Grades (Rechenweg)	**1,01** 23 477/(4 900 + 18 375)	

Das gesamte Umlaufvermögen von BP wird geteilt durch die gesamten Bankverbindlichkeiten und sonstigen kurzfristigen Verbindlichkeiten.

Liquidität ersten Grades (Rechenweg)	**0,79** (23 477 − 5 124)/(4 900 + 18 375)	

Das Umlaufvermögen von BP abzüglich der Vorräte wird geteilt durch die gesamten Bankverbindlichkeiten und sonstigen kurzfristigen Verbindlichkeiten.

Die Berechnungen sind verhältnismäßig leicht nachvollziehbar. Eine Ausnahme bildet BP insofern, als der Jahresabschluss keine Summe der kurzfristigen Verbindlichkeiten enthält. Das im Jahresabschluss ausgewiesene »Nettoumlaufvermögen« ist die Differenz zwischen dem gesamten Umlaufvermögen und den beiden separat aufgeführten Angaben zu kurzfristigen Verbindlichkeiten (»Bankverbindlichkeiten« und »Sonstige«). Diese beiden Zahlen sind zu addieren, um die gesamten kurzfristigen Verbindlichkeiten zu errechnen. Das geschieht jeweils im Nenner der zur Berechnung der Kennzahlen gebildeten Brüche.

Die Bedeutung

Als Anleger fühlt man sich unter Umständen wohler, wenn ein Unternehmen eine liquide Bilanz aufweist (also liquide Mittel und Umlaufvermögen in einer Höhe, die die kurzfristigen Verbindlichkeiten deutlich übersteigt). Es gibt jedoch eine ganze Menge interessanter Unternehmen, die nicht diesem Bild entsprechen. Ob eine niedrige Liquiditätskennzahl, ob dritten oder ersten Grades, einen Grund zur Besorgnis darstellt, hängt vom Wesen des Geschäfts ab, von der Marktposition des Unternehmens und davon, wie leicht sich seine Vorräte verkaufen lassen.

BP ist ein multinationales Großunternehmen, das einheitliche Produkte herstellt, die auf der ganzen Welt aktiv gehandelt werden. Es muss sich also um die Verkäuflichkeit seiner Vorräte wenig Gedanken machen. Sollte der Markt allerdings merken, dass BP unter Verkaufsdruck steht, so stellt das Unternehmen einen Marktfaktor in beträchtlicher Größenordnung dar. Das könnte sich durchaus auf den Preis auswirken.

Eine weitere Ausnahme von der allgemeinen Regel bezüglich liquider Bilanzen gilt für Unternehmen, die in bargeldorientierten Branchen tätig sind und sich gegenüber ihren Lieferanten in überlegener Position befinden. Ein gutes Beispiel dafür sind britische Supermarktkonzerne. Sie nehmen täglich Bargeld von ihren Kunden ein und profitieren gleichzeitig von günstigen Kreditbedingungen seitens ihrer Lieferanten, die sie vielleicht erst nach einem Monat bezahlen.

In einem solchen Fall mag das Unternehmen eine verhältnismäßig wenig liquide »kurzfristige« Bilanz vorweisen mit einer niedrigen Liquidität ersten Grades und ist dabei doch kerngesund. Die Marktmacht eines solchen Unternehmens versetzt es in die Lage, Lieferanten als Quellen kurzfristigen Betriebskapitals zu benutzen.

Was bei Supermärkten und großen Multis funktioniert, funktioniert für krisengeschüttelte kleine Unternehmen, die spezialisierte Produkte herstellen, viel weniger gut. Hier liegt die eigentliche Bedeutung unserer Liquiditätskennzahlen.

3.2 Debitorenziel und Kreditorenziel

Die Definition

Die Liquiditätskennzahlen haben uns einen Eindruck vermittelt von der Zusammensetzung des Umlaufvermögens und der kurzfristigen Verbindlichkeiten. Debitoren und Kreditoren sind wichtige Bestandteile dieser Posten. Debitoren (Forderungen aus Lieferungen und Leistungen) stellen Geld dar, das Kunden dem Unternehmen schulden. Kreditoren (Verbindlichkeiten aus Lieferungen und Leistungen) sind unbezahlte Rechnungen, also Geld, das das Unternehmen seinen Lieferanten und anderen schuldet. *Debitorenziel* – auch Außenstandsdauer, Kundenziel oder Forderungslaufzeit genannt – beziehungsweise *Kreditorenziel* – auch unter der Bezeichnung Kreditorenlaufzeit geläufig – setzen diese Zahlen in Bezug zum Umsatz des Unternehmens. Sie geben an, wie schnell das Unternehmen seine Rechnungen bezahlt und wie viel Kredit es seinen Kunden einräumt.

Die Formeln

Debitorenziel = Forderungen aus Lieferungen und Leistungen x 365/Umsatz

Kreditorenziel = Verbindlichkeiten aus Lieferungen und Leistungen x 365/ Umsatzaufwendungen

Anders ausgedrückt: Die Kennzahlen stellen den Anteil der aufs Jahr berechnet bestehenden Forderungen beziehungsweise Verbindlichkeiten aus Lieferungen und Leistungen am Jahresumsatz respektive den Umsatzaufwendungen dar.

Die Komponenten

Forderungen aus Lieferungen und Leistungen – Umsätze, die zum Bilanzstichtag bereits in Rechnung gestellt, aber noch nicht bezahlt waren. Es ist wichtig, zwischen Forderungen als solchen und Forderungen aus Lieferungen und Leistungen sauber zu unterscheiden, obgleich sich die beiden Zahlen bisweilen decken. Für unsere Berechnungen sind die Forderungen aus Lieferungen und Leistungen maßgeblich.

Verbindlichkeiten aus Lieferungen und Leistungen – Rechnungen für Waren und Dienstleistungen, die von Lieferanten bezogen wurden, aber zum Bilanzstichtag noch nicht bezahlt waren. Es ist wichtig, zwischen Verbindlichkeiten aus Lieferungen und Leistungen und anderen Kreditoren zu unterscheiden – wie etwa Forderungen von Steuerbehörden oder Sozialversicherungsträgern, Umsatzsteuern oder sonstige Verpflichtungen, die üblicherweise feste, dem Einflussbereich des Unternehmens entzogene Zahlungsfristen haben. Sie werden normalerweise bei der Ermittlung des Kreditorenziels nicht berücksichtigt.

Jahresumsatz – Umsatz ist ein so gängiger Begriff, dass er keiner weiteren Erläuterung bedarf. Im Falle der Berechnung des Debitorenziels ist der Jahresumsatz heranzuziehen, auf den sich auch die in der Bilanz ausgewiesenen Forderungen und Verbindlichkeiten aus Lieferungen und Leistungen beziehen.

Umsatzaufwendungen – der Betrag, der vom Umsatz abzuziehen ist, um den Bruttogewinn zu ermitteln (siehe Unternehmenskennzahl »Spannen«). Darunter fallen Kosten für Material, das heißt Güter und Dienstleistungen, die das Unternehmen extern einkaufen muss. Diese Zahl ist Teil der Berechnung des Kreditorenziels, denn die Forderungen aus Lieferungen und Leistungen stellen den Anteil solcher Rechnungen dar, der zum Jahresende noch nicht beglichen ist. Wie bei den entsprechenden Umsatzzahlen sollte auch dieser Posten für das Jahr/zum Ende des Jahres berechnet werden, auf das sich die Verbindlichkeiten beziehen.

Wo finde ich die nötigen Daten?

Forderungen aus Lieferungen und Leistungen – werden in den Erläuterungen zum Jahresabschluss erwähnt, auf die beim Ausweis des Umlaufvermögens in der Konzernbilanz verwiesen wird. Gelegentlich werden die Forderungen aus Lieferungen und Leistungen auch direkt in der Bilanz aufgeführt.

Verbindlichkeiten aus Lieferungen und Leistungen – werden in den Erläuterungen zum Jahresabschluss erwähnt, auf die beim Ausweis der kurzfristigen

Verbindlichkeiten in der Konzernbilanz verwiesen wird (»Verbindlichkeiten mit Laufzeit unter einem Jahr«). Gelegentlich werden Verbindlichkeiten aus Lieferungen und Leistungen auch direkt in der Bilanz aufgeführt.

Jahresumsatz – ist normalerweise die oberste Zahl oder Zwischensumme in der konsolidierten Gewinn-und-Verlust-Rechnung. Hier ist der Gesamtumsatz anzusetzen.

Umsatzaufwendungen – normalerweise der Posten direkt unterhalb des Gesamtumsatzes und oberhalb des Bruttogewinns in der Gewinn-und-Verlust-Rechnung.

Die Berechnung – die Theorie

Abbildung 14.1 zeigt die verschiedenen Zahlen, die dem Jahresabschluss zu entnehmen sind, und ihren Einsatz bei der Berechnung der Kennzahl.

Abbildung 14.1 Berechnung der Kennzahl »Debitorenziel und Kreditorenziel«

Singapore Widgets Pte hat:

Umsatz _____ $100 Mio.

Umsatzaufwendungen _____ $80 Mio.

Forderungen aus Lieferungen und Leistungen _____ $25 Mio.

Verbindlichkeiten aus Lieferungen und Leistungen _____ $18 Mio.

Debitorenziel _____ **91 Tage**

(Rechenweg) _____ $(25 \times 365/100)$

Kreditorenziel _____ **82 Tage**

(Rechenweg) _____ $(18 \times 365/80)$

Abbildung 14.2 zeigt, wie die fett gedruckten Zahlen aus diesem Auszug aus dem Jahresabschluss von McDonald's zu den »Unternehmenskennzahlen« kombiniert werden.

Abbildung 14.2 Berechnung des Debitorenziels und des Kreditorenziels für McDonald's auf der Basis des Jahresabschlusses 1999

Die Zahlen ...

Konsolidierte Gewinn-und-Verlust-Rechnung

(in Millionen) (S. 25 im veröffentlichten Jahresabschluss von McDonald's)	für die Jahre bis zum 31. Dezember		
	1999	**1998**	**1997**
Umsatzerlöse der unternehmenseigenen Restaurants	9 512,5	8 894,9	8 136,5
Umsätze aus Franchise-Verträgen und verbundenen Unternehmen	3 746,8	3 526,5	3 272,3
Summe der Umsätze	**13 259,3**	12 421,4	11 408,8
Kosten und Aufwendungen für Nahrungsmittel und Verpackung	**3 204,6**	2 997,4	2 772,6

Konzernbilanz (in Millionen ...)
(S. 26 im veröffentlichen Jahresabschluss von McDonald's)

	Zum 31. Dezember	
	1999	**1998**
Umlaufvermögen		
Bargeld und geldnahe Forderungen	419,5	299,2
Forderungen aus Lieferungen und Leistungen und Wechselforderungen	**708,1**	609,4
Kurzfristige Verbindlichkeiten		
Wechselverbindlichkeiten	1 073,1	686,8
Verbindlichkeiten aus Lieferungen und Leistungen	**585,7**	621,3

Die Berechnung ...

Debitorenziel (in Tagen)	**19,5 Tage**
(Rechenweg)	$(708,1 \times 365 / 13\ 259,3)$

Die Außenstandsdauer von McDonald's beträgt 19,5 Tage.

Kreditorenziel (in Tagen)	**66,7 Tage**
(Rechenweg)	$(585,7 \times 365 / 3\ 204,6)$

McDonald's braucht üblicherweise etwa zwei Monate, um seine Lebensmittel- und Verpackungslieferanten zu bezahlen.

An diesem Beispiel werden verschiedene Probleme bei der Berechnung dieser Zahlen deutlich. Man muss das Wesen des Geschäfts in Betracht ziehen, um die Zahlen korrekt zu berechnen. Die Geschäftstätigkeit von McDonald's ist eine Mischung aus dem Betrieb unternehmenseigener Restaurants und der Vergabe von Franchise-Verträgen. Aus Letzteren bezieht McDonald's Gebühren. Das Debitorenziel bezieht sich zum Teil auf Umsätze, die in eigenen Lokalen generiert werden (und größtenteils beim Kauf bar über den Tisch gehen), und auf Einnahmen aus Franchise-Gebühren, die vermutlich monatlich entrichtet werden. Das erklärt, warum das Debitorenziel auf der Basis des Gesamtumsatzes berechnet werden sollte, nicht nur für die in eigenen Restaurants erzielten Umsatzerlöse.

Das Kreditorenziel ist da weniger missverständlich. Obwohl die Umsatzaufwendungen nicht explizit aufgeführt werden, sind Lebensmittel und Verpackungen offensichtlich die einzigen externen Betriebskosten. Angesichts der Betriebsart von McDonald's erscheint das glaubhaft. Die Zahl ergibt folglich, dass McDonald's seine Zulieferer im Schnitt nach 66 Tagen bezahlt. Durch seine Größe und Marktposition ist es dem Unternehmen offenbar möglich, mit seinen Lieferanten derart günstige Kreditbedingungen auszuhandeln.

Die Bedeutung

Neben der Umschlagdauer (siehe Unternehmenskennzahl »Umschlagdauer«) stellen Debitoren- und Kreditorenziel das entscheidende Bindeglied zwischen der Gewinn-und-Verlust-Rechnung des Unternehmens, seiner Bilanz und seinem Cashflow dar. Umsätze und Gewinne kann ein Unternehmen in der Gewinn-und-Verlust-Rechnung ausweisen. Wenn es aber länger braucht, um seine Forderungen einzuziehen, und seine Lieferanten kürzere Zahlungsfristen setzen, dann schlägt sich die Tendenz in der Gewinnentwicklung nicht in den Kasseneinnahmen nieder.

Wie bei verschiedenen anderen Kennzahlen, ist die Höhe von Debitoren- und Kreditorenziel an sich weniger aussagekräftig als ihre Entwicklung und ein Vergleich mit den Zahlen der Konkurrenten.

In verschiedenen Branchen werden Rechnungen ganz unterschiedlich schnell bezahlt, je nach den typischen Eigenheiten des Geschäfts. Zeigt ein

Unternehmen jedoch hier schlechtere Leistungen als seine Konkurrenten (das heißt, es zieht überfällige Rechnungsbeträge langsamer ein und muss eigene Verbindlichkeiten eher begleichen), so ist das ein Zeichen von Schwäche. Desgleichen gilt eine längerfristige Verschlechterung bei der Kreditorenkontrolle als Besorgnis erregend.

Wie das Beispiel McDonald's zeigt, sind Unternehmen mit bargeldlastiger Geschäftstätigkeit und starker Verhandlungsposition gegenüber ihren Zulieferern hier Spitzenreiter.

Diese Analyse ist jedoch nicht für jedes Unternehmen aussagekräftig. So ist das Kreditorenziel irrelevant, wenn ein Unternehmen niedrige Umsatzaufwendungen für externe Leistungen hat und seinen Wert in erster Linie intern generiert. Unternehmen mit hohen Vermögenswerten und solche, die auf der Basis langfristiger Verträge operieren, sind für eine derartige Analyse unter Umständen wenig geeignet. In solchen Fällen sollte man eher darauf achten, wie gut das Auftragsbuch in Relation zum Umsatz gefüllt ist und wie die Einnahmen aus langfristigen Verträgen verbucht werden.

3.3 Umschlagdauer und Umschlaghäufigkeit

Die Definition

Die *Umschlagdauer* oder Bestandsreichweite stellt eine Beziehung her zwischen der Höhe der Lagerbestände eines Unternehmens und dessen Jahresumsatz. Das Ergebnis wird in Tagen ausgedrückt. Eine ähnliche Kennzahl ist der *Umschlagskoeffizient*, der die Umschlaghäufigkeit im Laufe des Jahres angibt.

Die Formeln

Umschlagdauer = Lagerbestand × 365/Umsatz

Umschlaghäufigkeit = Umsatz/Lagerbestand

Bei der Umschlagdauer steht eine niedrigere Zahl von Tagen für höhere Effizienz. Bei der Umschlaghäufigkeit ist eine möglichst hohe Zahl erstrebenswert, denn je höher der Lagerumschlag, desto effizienter das Unternehmen.

Die Komponenten

Lagerbestand (oder Vorräte) – ist der Bestand an fertigen Erzeugnissen, der noch nicht verkauft ist, oder der Bestand an halb fertigen Erzeugnissen. Bei Unternehmen aus der verarbeitenden Industrie sind Vorräte das Resultat der eigenen Produktion. Bei Einzelhändlern sind Vorräte Waren, die von Lieferanten eingekauft, aber noch nicht verkauft wurden.

Jahresumsatz – Umsatz ist ein so gängiger Begriff, dass er keiner weiteren Erläuterung bedarf. Für die Berechnung der Umschlagdauer oder Umschlaghäufigkeit ist die Umsatzzahl für das Jahr zum Jahresende heranzuziehen, auf das sich die Lagerbestandsangabe in der Bilanz bezieht.

Wo finde ich die nötigen Daten?

Vorräte (oder Lagerbestand) – sind in der konsolidierten (oder Konzern-) Bilanz unter Umlaufvermögen ausgewiesen.

Jahresumsatz – normalerweise die oberste Zahl oder Gruppensumme in der konsolidierten Gewinn-und-Verlust-Rechnung. Hier ist der Gesamtumsatz heranzuziehen.

Die Berechnung – die Theorie

Abbildung 15.1 zeigt die verschiedenen Zahlen, die dem Jahresabschluss zu entnehmen sind, und ihren Einsatz bei der Berechnung der Kennzahl.

Abbildung 15.1 Berechnung der Kennzahl »Umschlagdauer und Umschlaghäufigkeit«

Universal Widgets Inc. hat:

Jahresumsatz _____ $600 Mio.

Vorräte (Lagerbestand) _____ $183 Mio.

Umschlagdauer _____ **111 Tage**

(Rechenweg) _____ $(183 \times 365/600)$

Widget Retail Inc. hat:

Jahresumsatz _____ $3657 Mio.

Vorräte (Lagerbestand) _____ $457 Mio.

Umschlaghäufigkeit _____ **8 Mal**

(Rechenweg) _____ $(3\,657/457)$

Umschlaghäufigkeit und Umschlagdauer sind spiegelbildlich zu verstehen.

Die Umschlaghäufigkeit kann in die Umschlagdauer umgerechnet werden, indem man den Wert durch 365 teilt. Ebenso kann man 365 durch die Umschlagdauer teilen und so die Umschlaghäufigkeit errechnen.

Berechnung für KINGFISHER

Abbildung 15.2 zeigt, wie die fett gedruckten Zahlen aus diesem Auszug aus dem Jahresabschluss der Einzelhandelsgruppe Kingfisher mit Sitz in Großbritannien (weitere Informationen siehe *www.kingfisher.co.uk*) zur »Unternehmenskennzahl« kombiniert werden.

Abbildung 15.2 Berechnung von Umschlagdauer und Umschlaghäufigkeit für Kingfisher auf der Basis des Jahresabschlusses 2000

Die Zahlen ...

**Konsolidierte Gewinn-und-Verlust-Rechnung
für das Geschäftsjahr zum 29. Januar 2000**
(S. 45 im veröffentlichten Jahresabschluss von Kingfisher)

£ Mio.	2000	1999
Umsatz einschließlich Anteil von Joint Ventures		
Aus laufender Geschäftstätigkeit	10 825,7	6 975,2
Aus Übernahmen	107,4	508,1
Abzüglich: Umsatzanteil von Joint Ventures	−48,1	−25,5
	10 885,0	**7 457,8**

Bilanz zum Stichtag 29. Januar 2000 (S. 47)

£ Mio.	Konzern 2000	1999
Umlaufvermögen		
Entwicklungsarbeiten, nicht abgeschlossen	96,7	69,0
Vorräte	**1 669,4**	**1 465,4**

Die Berechnung ...

Umschlagdauer	**56 Tage**	**72 Tage**
(Rechenweg)	(1 669,4 × 365/10 885,0)	(1 465,4 × 365/7 457,8)

Lagerbestände wurden bis zum Verkauf durchschnittlich 56 Tage gehalten (gegenüber 72 Tagen im Vorjahr).

Umschlaghäufigkeit	**6,5 Mal**	**5,1 Mal**
(Rechenweg)	(10 885,0/1 669,4)	(7 457,8/1 465,4)

Kingfishers Lagerbestände wurden im Jahr 1999/2000 über 6,5 Mal umgeschlagen (gegenüber 5,1 Mal im Vorjahr).

Die Berechnung an sich ist recht gut nachvollziehbar. Allerdings muss man sich überlegen, was einbezogen und was ausgeklammert werden soll.

Soll man etwa die Umsätze von Unternehmen ausschließen, die während des Geschäftsjahres übernommen wurden? Streng genommen ist diese Frage mit Ja zu beantworten, wenn man eine ganz akkurate Zahl ermitteln möchte. In der Praxis ist das jedoch mehr oder weniger unmöglich. Man kann nicht genau feststellen, welcher Anteil an den gesamten Vorräten auf die übernommenen Unternehmen entfällt. Daher ist es durchaus sinnvoll und richtig, die Gesamtzahl zugrunde zu legen.

Im Fall von Kingfisher bestehen darüber hinaus Joint Ventures. In der Bilanz ist hier lediglich der Anteil am Nettovermögen berücksichtigt. Die Lagerbestandszahlen werden nicht separat ausgewiesen. Auch hier ist mangels näherer Informationen der richtige Weg, die Umsatzzahl ohne die den Joint Ventures zuzuordnenden Umsätze heranzuziehen.

Unter Umlaufvermögen ist in der Bilanz schließlich noch ein Posten aufgeführt, der sich auf »nicht abgeschlossene Entwicklungsarbeiten« bezieht. In diesem Fall erfahren wir aus der entsprechenden Erläuterung zum Jahresabschluss, dass es sich hier um Bauprojekte handelt (also neue Läden) und nicht um Bestände. Daher ist die Zahl auch nicht dem Bestand an fertigen Produkten zuzuschlagen.

Die Bedeutung

Debitorenziel, Kreditorenziel, Umschlagdauer oder Umschlaghäufigkeit werden manchmal auch als Betriebskapital-Kennzahlen bezeichnet. Sie messen die Effizienz, mit der das Management das im Tagesgeschäft in Form von unverkauften Vorräten, ausstehenden Forderungen und unbezahlten Rechnungen gebundene Kapital minimiert.

Wie bei Debitoren- und Kreditorenziel sind auch die Umschlagszyklen von Branche zu Branche unterschiedlich. Das liegt an Unterschieden bei den Herstellungsverfahren oder – im Fall von Einzelhändlern wie Kingfisher – an den verschiedenen Arten von Waren, die verkauft werden. Aus nahe liegenden

Gründen ist die Umschlaghäufigkeit im Lebensmitteleinzelhandel höher (und die Umschlagdauer geringer) als bei Einzelhändlern, die langlebige Güter anbieten.

Wie bei Debitorenziel und Kreditorenziel ist auch hier der Trend bedeutsamer als die Zahlen als solche. Unternehmen, die in im weitesten Sinne ähnlichen Branchen tätig sind, sollten an den von den effizientesten Unternehmen ihrer Industrie erreichten Kennzahlen gemessen werden, um sie einordnen zu können.

Ein Interpretationsproblem, das sich im Fall von Kingfisher ergibt, ist typisch für alle mehrformatigen Einzelhändler. Die Umschlaghäufigkeit sagt bei einem Einzelhandelskonzern, der verschiedene Arten von Ketten betreibt – Drogerien ebenso wie Baumärkte etwa – womöglich nur wenig über die Gesamteffizienz des Unternehmens aus. Eine geringe oder abnehmende Umschlaghäufigkeit in einem Bereich kann von einer hohen oder gestiegenen Umschlaghäufigkeit in einem anderen kompensiert werden. Bei der Suche nach potenziellen Problemzonen kommen Sie damit keinen Schritt weiter.

Ebenso gilt zu bedenken, dass weder Umschlagdauer noch Umschlaghäufigkeit bei der Einschätzung eines Unternehmens von Nutzen sind, das im Alltagsgeschäft keine Vorräte anlegt – wie etwa Softwareunternehmen oder Unternehmen, die Lizenzen an geistigem Eigentum vergeben, Buchmacher oder Kasinos, um nur ein paar Beispiele zu nennen.

3.4 Statischer Verschuldungsgrad

Die Definition

Der *statische Verschuldungsgrad*, auch als »Verschuldungskoeffizient« bezeichnet, ist das Fremdkapital eines Unternehmens, geteilt durch das bereinigte Eigenkapital. Das Ganze wird in Prozent ausgedrückt.

Die Formel

Statischer Verschuldungsgrad = (Fremdkapital − flüssige Mittel) × 100
/bereinigtes Eigenkapital

Die Komponenten

Fremdkapital − die Summe aller Posten, die geliehenes Geld oder Schuldtitel repräsentieren. Sie kann kurz- und langfristige Posten enthalten. Üblicherweise werden Bankkredite und Überziehungskredite, der aktuell fällige Anteil langfristiger Verbindlichkeiten, mittel- und langfristige Bankkredite und aktuell in Umlauf befindliche Anleihen berücksichtigt.

Flüssige Mittel − sind bereits hinreichend erläutert. Vielleicht sollte noch darauf hingewiesen werden, dass hier zusätzlich zu Barguthaben bei Banken manchmal auch kurzfristige Anlagen mit bargeldähnlichem Charakter einbezogen werden können. Die Papiere müssen leicht verkäuflich sein und dürften lediglich geringfügigen Wertschwankungen unterliegen. Beispiele für solche geldnahen Wertpapiere sind Staatsanleihen mit sehr kurzer Laufzeit und Einlagenzertifikate.

Eigenkapital − Hinweise dazu finden Sie unter dem Kapitel zur Unternehmenskennzahl »Kurs-Buchwert-Verhältnis«. Der Begriff umfasst die Sachanlagen eines Unternehmens zuzüglich des Umlaufvermögens abzüglich der kurz- und langfristigen Verbindlichkeiten und Rückstellungen. Aus der Differenz ergibt sich, was an Vermögenswerten übrig bleibt und den Aktionären »gehört«.

Alternativ lässt sich die Zahl auch berechnen, indem man das gesamte Aktienkapital und die Rücklagen ansetzt und davon alle immateriellen Vermögenswerte abzieht – den Wert von Marken oder Namen, Kundenstämmen oder den bei der Übernahme durch ein anderes Unternehmen zuzüglich zum Buchwert bezahlten immateriellen Unternehmenswert. Immaterielle Vermögenswerte werden gewöhnlich in der Bilanz separat ausgewiesen.

Wo finde ich die nötigen Daten?

Fremdkapital – Die Posten, die in dieser Zahl enthalten sind, sind in verschiedenen Abschnitten der Bilanz zu finden. Kurzfristige Kredite fallen unter kurzfristige Verbindlichkeiten (manchmal auch als »Verbindlichkeiten mit Laufzeit unter einem Jahr« bezeichnet). Sie laufen unter verschiedenen Begriffen: Verbindlichkeiten gegenüber Kreditinstituten, Überziehungskredite und/oder aktuell fälliger Anteil langfristiger Verbindlichkeiten. Langfristige Kredite werden gewöhnlich separat ausgewiesen oder sind in den langfristigen Verbindlichkeiten enthalten. Um das Fremdkapital zu errechnen, kann es durchaus nötig sein, vier oder fünf Zahlen zu addieren. Eine Angabe zum gesamten Fremdkapital ist manchmal in einer der Erläuterungen zum Jahresabschluss enthalten, was die Ermittlung erleichtert und zur Überprüfung herangezogen werden kann.

Flüssige Mittel – sind als eigener Posten im Umlaufvermögen separat ausgewiesen. Unter Umständen sind hier die Wertpapiere des Umlaufvermögens ganz oder teilweise einzurechnen, die an gleicher Stelle zu finden sind. Um welche Art von Papieren es sich handelt und wie sie zu bewerten sind, wird meist in der entsprechenden Erläuterung angegeben.

Eigenkapital – ist der ersten Seite der Konzernbilanz zu entnehmen. Es wird auch ausgewiesen als Summe des Aktienkapitals zuzüglich verschiedener Rücklagen. Wie bereits angemerkt, sind zur Berechnung des Verschuldungsgrades immaterielle Vermögenswerte abzuziehen.

Die Berechnung – die Theorie

Abbildung 16.1 zeigt die verschiedenen Zahlen, die dem Jahresabschluss zu entnehmen sind, und ihren Einsatz bei der Berechnung der Kennzahl.

Abbildung 16.1 Berechnung der Kennzahl »Statischer Verschuldungsgrad«

Tokyo Widgets weist in seiner Bilanz die folgenden Posten aus:

	Milliarden ¥
Immaterielle Vermögenswerte	40
Liquide Mittel	15
Kurzfristige Staatsanleihen	5
Überziehungskredite	35
Aktuell fälliger Anteil langfristiger Verbindlichkeiten	25
Langfristige Verbindlichkeiten	20
Anleihe mit 2 % Verzinsung und Laufzeit bis 2010	100
Stammaktienkapital	20
Kapitalrücklagen	200
Freie Rücklagen	300
Summe Aktienkapital und Rücklagen	520

Ermittlung der Komponenten der Kennzahl auf der Grundlage dieser Zahlen:

Bereinigtes Eigenkapital	480
(Rechenweg)	(520 – 40)
Liquide Mittel	20
(Rechenweg)	(15 + 5)
Fremdkapital	180
(Rechenweg)	(35 + 25 + 20 + 100)
Statischer Verschuldungsgrad	**33,30 %**
(Rechenweg)	(180 – 20) × 100/480

Abbildung 16.2 zeigt, wie die fett gedruckten Zahlen aus diesem Auszug aus dem Jahresabschluss von SingTel zur »Unternehmenskennzahl« kombiniert werden. SingTel (mit der Web-Adresse *www.singtel.com*) ist ein in Singapur ansässiges Unternehmen, das im gesamten asiatischen Raum Telekommunikations- und Postdienstleistungen anbietet.

Abbildung 16.2 Berechnung des statischen Verschuldungsgrades für SingTel auf der Basis des Jahresabschlusses 2000

Die Zahlen ...

Konzernbilanzen zum 31. März (S. 20 im veröffentlichten Jahresabschluss von SingTel)	2000 Singapur-$ Mio.	1999 Singapur-$ Mio.
Eigenkapital	2 321,0	2 287,5
Rücklagen	6 656,9	5 680,4
Eigenkapital plus Rücklagen	**8 977,9**	7 967,9
Umlaufvermögen		
Wertpapiere des Umlaufvermögens	**1 578,8**	1 475,5
Festgelder bei Finanzinstituten	**4 162,1**	4 756,6
Kasse und Bankguthaben	**168,7**	148,5
Kurzfristige Verbindlichkeiten		
Bankkredite mit Laufzeit unter einem Jahr	**0,0**	0,1
Anleihen (unbesichert)	**100,0**	0,0
Überziehungskredite (unbesichert)	**0,1**	0,0
Langfristige Verbindlichkeiten		
Anleihen (unbesichert)	**0,0**	100,0
Später fällige Steuern	360,0	403,6

Die Berechnung ...

Statischer Verschuldungsgrad	−64,70 %	
(Rechenweg)	$(1\,578{,}8 + 4\,162{,}1 + 168{,}7 - 100{,}0 - 0{,}1) \times 100/8\,977{,}9$	

Die drei Posten unter liquide Mittel in der Bilanz von SingTel liefern nach Abzug der beiden Fremdkapitalposten einen Nettobestand an liquiden Mitteln, also keine Nettoverschuldung. Damit ist der Verschuldungsgrad negativ.

Die Berechnung zeigt einen interessanten Aspekt des Verschuldungsgrads auf: Er kann umgekehrt eingesetzt werden, wenn ein Unternehmen über Bargeld und geldnahe Werte verfügt, die das Fremdkapital übersteigen. In diesem Fall verrät uns die Kennzahl, dass SingTel liquide Mittel in Höhe von rund 65 Prozent des Eigenkapitals hortet. Das ist eine ebenso wertvolle Information wie im entgegengesetzten Fall – wenn nämlich die Zahlen umgekehrt ausgefallen wären und das Unternehmen eine Nettoverschuldung in dieser Höhe ausgewiesen hätte.

SingTel ist liquide, was jedoch bedeuten kann, dass eine Übernahme in der Luft liegt. Liquide Unternehmen erleben bisweilen, wie die mit ihren flüssigen Mitteln erwirtschafteten Erträge dahinschwinden, wenn die Zinsen sinken. Das wirkt sich ebenso stark aus wie steigende Zinsen auf Unternehmen mit hohem Fremdkapitalanteil.

Bei der Berechnung stellt sich im Fall von SingTel die Frage, ob die Wertpapiere des Umlaufvermögens zu berücksichtigen sind oder nicht. Entscheidend ist hier, wie liquide sie sind.

Ein näherer Blick auf die Erläuterungen zum Jahresabschluss von SingTel ergibt, dass 22,8 Millionen Singapur-Dollar der unter diesem Stichwort aufgeführten Summe in nicht börsennotierte Papiere investiert sind, während Anleihen ungefähr die Hälfte des Gesamtbetrages ausmachen. Ein konservativer Ansatz verlangt hier, alle Posten mit Ausnahme der Anlagen in Anleihen auszuklammern.

Die Bedeutung

Der Verschuldungskoeffizient wird kontroverser diskutiert als jede andere finanzwirtschaftliche Kennzahl. Wie so oft bei »Unternehmenskennzahlen« ist auch hier das Gesamtbild entscheidend. Ist der Verschuldungsgrad deutlich höher als bei den Hauptkonkurrenten des jeweiligen Unternehmens? Ist die Geschäftsgrundlage solide? Werden zuverlässig Kapitalflüsse generiert? Sind die Wertansätze der Vermögensgegenstände des Unternehmens auf dem aktuellen Stand? Gehen die Zinsen nach oben oder nach unten und wie hoch ist der Anteil an variabel verzinslichen Verbindlichkeiten?

Alle diese Faktoren spielen hier eine Rolle. Ein hoher Verschuldungsgrad kann schlicht ein Hinweis darauf sein, dass die Vermögensgegenstände unterbewertet sind und das tatsächliche Eigenkapital den in der Bilanz ausgewiesenen Betrag übersteigt. Dann wäre der Verschuldungsgrad in Wirklichkeit geringer. Unternehmen mit stabilem, verlässlichem Cashflow können einen höheren Verschuldungsgrad verkraften als solche in volatileren Sparten.

Bei steigenden Gewinnen kann sich ein hoher Fremdkapitalanteil positiv auf Gewinnzuwächse und auf die Erträge der Aktionäre auswirken. Bei ansonsten gleichen Bedingungen kommt es den Gewinnen von Unternehmen mit hohem Fremdkapitalanteil zugute, wenn die Zinsen fallen – sofern ihre Verbindlichkeiten variabel verzinslich sind.

Ebenso können die Vermögensgegenstände aber auch zu hoch bewertet sein und der Verschuldungsgrad damit zu niedrig. Ein hoher Verschuldungskoeffizient wird Gewinneinbußen bei sinkender Ertragskraft noch verstärken. Darüber hinaus bringt ein Zinsanstieg insbesondere Unternehmen mit hohem Fremdkapitalanteil in Bedrängnis.

Die Finanztheorie besagt, dass dem Anleger die Kapitalstruktur eines Unternehmens gleichgültig sein sollte – vorausgesetzt, es hält seine Kapitalkosten auf minimalem Niveau. Im wirklichen Leben wirkt sich der Verschuldungsgrad jedoch sehr wohl auf die Einstellung des Anlegerpublikums aus. Kommt es hart auf hart, gelten Unternehmen mit hohem Fremdkapitalanteil als besonders anfällig. Das kann ihre Bewertung durch die Börse und ihre Bonitätseinstufung beeinträchtigen. In der Folge wird es schwerer und teurer für sie, sich Geld zu borgen.

3.5 Kurs-Liquiditäts-Verhältnis

Die Definition

Das *Kurs-Liquiditäts-Verhältnis* vergleicht den Marktwert eines Unternehmens mit seinen Barmitteln und kurzfristigen Anlagen. Es dient zur Ermittlung des Maßes, in dem der Aktienkurs durch flüssige Mittel gedeckt ist.

Die Formel

Kurs-Liquiditäts-Verhältnis = Marktkapitalisierung/flüssige Mittel + Wertpapiere des Umlaufvermögens

oder

Kurs-Liquiditäts-Verhältnis = Aktienkurs/(flüssige Mittel + Wertpapiere des Umlaufvermögens)/ausgegebene Aktien in Umlauf

Die Komponenten

Marktkapitalisierung – sie stellt den Börsenwert des Unternehmens dar. Sie wird berechnet, indem man die Gesamtzahl der ausgegebenen Aktien (oder Stammaktien) mit ihrem Kurs multipliziert (siehe Unternehmenskennzahl »Marktkapitalisierung«). Zur Wiederholung: Die für diese Rechnung notwendigen Komponenten sind: *ausgegebene Aktien (Stammaktien) in Umlauf* – Aktien, die ausgegeben wurden und öffentlich gehandelt werden; und der *Aktienkurs* – der aktuelle Marktkurs der Aktien, gewöhnlich der Mittelkurs zum Börsenschluss des vorangegangenen Handelstages.

Flüssige Mittel – sind bereits hinreichend erläutert. Zusätzlich zu Giroguthaben bei Banken können manchmal auch kurzfristige Anlagen mit bargeldähnlichem Charakter einbezogen werden können. Die Papiere müssen leicht verkäuflich sein und dürfen lediglich geringfügigen Wertschwankungen unterliegen. Beispiele für solche geldnahen Wertpapiere sind Staatsanleihen mit sehr kurzer Laufzeit, Einlagenzertifikate und dergleichen.

Wo finde ich die nötigen Daten?

Ausgegebene Aktien in Umlauf (zur Berechnung der Marktkapitalisierung) – entnehmen Sie den Erläuterungen zum Jahresabschluss. Ein Verweis auf die entsprechende Erläuterung findet sich in der Konzernbilanz unter den Stichwort »eingefordertes Aktienkapital« oder ähnlich. Es sollte die Zahl der Stammaktien am Jahresende herangezogen werden, nicht ihr ausgewiesener Nennwert.

Aktienkurs (zur Berechnung der Marktkapitalisierung) – in jeder beliebigen Tageszeitung oder Finanz-Website. Achten Sie darauf, dass Sie auch wirklich den Aktienkurs nehmen, und nicht den Kurs etwaiger Optionen, Optionsscheine, nicht voll eingelöster Aktien oder anderer Derivate. In Finanzblättern finden Sie auf den Kursseiten auch Angaben zur Marktkapitalisierung einzelner Unternehmen.

Flüssige Mittel – finden Sie unter Umlaufvermögen als eigenen Posten separat ausgewiesen. Unter Umständen sind hier die Wertpapiere des Umlaufvermögens ganz oder teilweise zu berücksichtigen, die an gleicher Stelle aufgeführt werden.

Die Berechnung – die Theorie

Abbildung 17.1 zeigt die verschiedenen Zahlen, die dem Jahresabschluss zu entnehmen sind, und ihren Einsatz bei der Berechnung der Kennzahl.

Abbildung 17.1 Berechnung der Unternehmenskennzahl »Kurs-Liquiditäts-Verhältnis«

Universal Widgets Inc. hat:

Liquide Mittel	$50 Mio.
Wertpapiere des Umlaufvermögens	$25 Mio.
Ausgegebene Aktien	10 Mio.
Aktienkurs	$12
Marktkapitalisierung	$120 Mio.
(Rechenweg)	(10×12)
Kurs-Liquiditäts-Verhältnis	**1,6**
(Rechenweg)	$120/(50 + 25)$

Alternativ:

Aktienkurs	$12
Liquide Mittel pro Aktie	$7,50
(Rechenweg)	$(50 + 25)/10$
Kurs-Liquiditäts-Verhältnis	**1,6**
(Rechenweg)	$(12/7,50)$

Abbildung 17.2 zeigt, wie die fett gedruckten Zahlen aus diesem Auszug aus dem Jahresabschluss von SingTel zur »Unternehmenskennzahl« kombiniert werden.

Abbildung 17.2 Berechnung des Kurs-Liquiditäts-Verhältnisses für SingTel auf der Basis des Jahresabschlusses 2000

Die Zahlen ...

Konzernbilanzen zum 31. März (S. 20 im veröffentlichten Jahresabschluss von SingTel)	Gruppe 2000 Singapur-$ Mio.	1999 Singapur-$ Mio.
Umlaufvermögen		
Wertpapiere des Umlaufvermögens	1 578,8	1 475,5
Festgelder bei Finanzinstituten	4 162,1	4 756,6
Kasse und Bankguthaben	168,7	148,5
Kurzfristige Verbindlichkeiten		
Bankkredite mit Laufzeit unter einem Jahr	0,0	0,1
Anleihen (unbesichert)	100,0	0,0
Überziehungskredite (unbesichert)	0,1	0,0
Langfristige Verbindlichkeiten		
Anleihen (unbesichert)	0,0	100,0
Später fällige Steuern	360,0	403,6
Erläuterung 2 Eigenkapital (S. 25) Ausgegebene Aktien Saldo per 31. März (Mio.)	15 473	15 250
Aktienkurs in 2002	Singapur-$ 2,67	

Die Berechnung ...

Marktkapitalisierung (Rechenweg)	Singapur-$ 41 313 (15 473 × 2,67)	
Liquide Mittel und Wertpapiere des Umlaufvermögens (Rechenweg)	(1 578,8 + 4 162,1 + 168,7) − (100,0 + 0,1)	5 809,5
Kurs-Liquiditäts-Verhältnis		**7,1**

Der Aktienkurs von SingTel beträgt das 7,1fache der Barmittel pro Aktie abzüglich Verbindlichkeiten. Die Berechnung kann auch durchgeführt werden, indem man die Summe der liquiden Mittel und Wertpapiere des Umlaufvermögens durch die Zahl der Aktien teilt und dann den Aktienkurs durch das Ergebnis dividiert.

Die Haken und Ösen dieser Berechnung liegen ähnlich wie bei der vorangegangenen Unternehmenskennzahl »Statischer Verschuldungsgrad«. Da stellt sich zum Beispiel die Frage, was unter den Posten Bargeld und flüssige Mittel fällt. Sie müssen dabei genau darauf achten, wie die Wertpapiere des Umlaufvermögens im Abschluss ausgewiesen werden. Insbesondere ist wichtig, ob sie zu Anschaffungskosten oder zu einem höheren oder niedrigeren Marktwert angesetzt sind.

Prüfen Sie, ob es sich um börsennotierte oder nicht börsengängige Wertpapiere handelt. Nicht börsengängige Wertpapiere sind schwerer zu verkaufen und sollten nicht eingerechnet werden, wenn nicht zweifelsfrei feststeht, dass sie wesentlich mehr wert sind als in der Bilanz ausgewiesen.

Im Fall von SingTel fällt nur ein geringer Teil dieses Postens unter diese Kategorie. Der Einfachheit halber haben wir sie nicht aus der Berechnung herausgenommen. Informationen darüber, wie genau Vermögensgegenstände bewertet wurden und ob sie börsengängig sind oder nicht, finden sich normalerweise in den entsprechenden Erläuterungen zum Jahresabschluss.

Die Bedeutung

Das Kurs-Liquiditäts-Verhältnis ist nur für solche Unternehmen maßgeblich, die über so beträchtliche Bestände an Barmitteln verfügen, dass diese den Fremdkapitalanteil übersteigen.

Unternehmen unterscheiden sich in der Art und Weise, wie sie Mittel generieren und verwenden. Die Messung des Verhältnisses von Kurs zu liquiden Mitteln über mehrere Jahre hinweg kann deutlich machen, ob ein Unternehmen regelmäßig Cashflows generiert. Das Verhältnis wird jedoch von maßgeblichen Unternehmensentwicklungen wie Übernahmen oder Verkauf von Firmen beeinflusst.

Für bestimmte Arten von Unternehmen ist die Erweiterung dieser Kennzahl um den Bilanzwert aller Investitionen eine wichtige Maßgröße. Das gilt vor allem für Institutionen wie Banken und Versicherungsgesellschaften, die von Anlegern und Versicherungsnehmern Einlagen oder Prämien kassieren und die Mittel investieren.

Im Fall von Versicherungsunternehmen kommt es häufig vor, dass sich die Anleger übermäßig auf die kürzerfristigen technischen Gewinne konzentrieren (die Differenz zwischen den berechneten Prämien und den gegen die Versicherung erhobenen Ansprüchen). Dabei bleibt unberücksichtigt, dass der wahre Wert solcher Unternehmen in den von ihnen verwalteten Investmentportfolios liegt. Aufgrund dieser Kurzsichtigkeit war es in der Vergangenheit immer wieder möglich, Aktien von Versicherern mit einem erheblichen Abschlag auf den zugrunde liegenden Wert ihrer Investments zu erwerben.

Bei eher konventionellen Handelsunternehmen spielt diese Kennzahl vor allem bei schwierigen Marktbedingungen eine Rolle. Liegt einer Aktie ordentlich Bargeld zugrunde, so ist das für den Anleger unter Umständen ein schöner Trost. Damit wird der Aktienkurs quasi nach unten abgesichert, was das Verlustpotenzial begrenzt.

Das Verhältnis von Liquidität und Aktienkurs kann ein nützlicher Prüfmechanismus sein, um solche Unternehmen herauszufiltern, die wir als »Muscheln« bezeichnen.

Das sind kleine, börsennotierte Gesellschaften mit beträchtlichen Barbeständen und wenig sonstigen Vermögenswerten. Sie sind oft Gegenstand so genannter »umgekehrter Übernahmen«, bei denen die Muschel Aktien emittiert, um eine größere Personengesellschaft zu übernehmen. Deren Anteilseigner kontrollieren dann das börsennotierte Konglomerat und gewinnen Zugang zu seinen Barreserven und zur Börse.

Das ist nicht selten ein praktischer Weg für ein Unternehmen, um schnell an die Börse zu gelangen. In manchen Fällen habe Anleger mit Investitionen in solche »Muscheln« schon satte Gewinne eingefahren.

3.6 Burn Rate

Die Definition

Die *Burn Rate* wird eingesetzt, um auszurechnen, wie viele Monate es dauert, bis ein Verlustunternehmen seine Barbestände aufgezehrt hat. Zu diesem Zweck kann man auf der Basis der letzten Berichtszahlen des Unternehmens ermitteln, wie hoch die monatlichen betrieblichen Ausgaben sind (die so genannte »Burn Rate«). Durch diese Zahl teilt man dann den Nettobestand an liquiden Mitteln. Diese Kennzahl hat sich in letzter Zeit verstärkt zum Vergleich von Internetunternehmen durchgesetzt.

Die Formel

Monate bis zur Aufzehrung = Nettobestand an liquiden Mitteln/effektive
der Barbestände   betriebliche Ausgaben im Monat (also
                               Burn Rate)

Die Komponenten

Nettobestand an liquiden Mitteln – erfordert keine weiteren Erklärungen. Zusätzlich zu Giroguthaben bei Banken können manchmal auch kurzfristige Anlagen mit bargeldähnlichem Charakter einbezogen werden. Die Papiere müssen leicht verkäuflich sein und dürfen lediglich geringfügigen Wertschwankungen unterliegen. Beispiele für solche geldnahen Wertpapiere sind Staatsanleihen mit sehr kurzer Laufzeit, Einlagenzertifikate und dergleichen.

Bei der Ermittlung der Burn Rate ist diese Unterscheidung von größter Wichtigkeit. Weniger liquide Wertpapiere sind aus der Berechnung auszuklammern. Um den Nettobestand an flüssigen Mitteln festzustellen, muss jede Aufnahme von Fremdkapital in Abzug gebracht werden. Was alles unter Fremdkapital fällt, können Sie aus dem Kapitel zur Unternehmenskennzahl »Statischer Verschuldungsgrad« ersehen.

Effektive betriebliche Ausgaben (»Burn Rate«) – umfassen alle mit dem Unternehmensbetrieb verbundenen Ausgaben. Nicht berücksichtigt werden dabei solche Aufwendungen, die lediglich als Buchungsposten auftauchen – wie Abschreibungen auf Sachanlagen oder den immateriellen Geschäftswert. Sie werden nicht eingerechnet, da sie keine aktuellen Mittelabflüsse aus dem Unternehmen darstellen. Zu den betrieblichen Ausgaben gehören normalerweise die Aufwendungen für Vertrieb und Verwaltung, Löhne und Gehälter sowie Forschung und Entwicklung. Der gesamte Bruttogewinn – also die Differenz zwischen den Umsatzerlösen und den Kosten für fremdbezogene Materialien und Dienstleistungen – sollte von den effektiven betrieblichen Ausgaben abgezogen werden. So erhalten Sie den Nettobetrag.

Diesen teilen Sie durch zwölf (oder sechs bei halbjährlicher Berichterstattung beziehungsweise drei bei Quartalsberichten), um die Zahl pro Monat zu ermitteln.

Wo finde ich die nötigen Daten?

Nettobestand an liquiden Mitteln – entnehmen Sie der Konzernbilanz. Er ist im Abschnitt zum Umlaufvermögen als eigener Posten separat ausgewiesen. Unter Umständen sind hier die Wertpapiere des Umlaufvermögens ganz oder teilweise zu berücksichtigen, die an gleicher Stelle aufgeführt werden. Die Aufnahme von Fremdkapital ist von den liquiden Mitteln abzuziehen, um den Nettobestand zu ermitteln.

Effektive betriebliche Ausgaben – den Bruttogewinn finden sie ganz oben in der Gewinn-und-Verlust-Rechnung. Der Bruttogewinn (wie unter dem Kapitel zur Unternehmenskennzahl»Spannen« bereits erläutert) ist die Differenz zwischen den Umsatzerlösen und den Umsatzaufwendungen (den Kosten für fremdbezogene Materialien und Dienstleistungen). Die effektiven betrieblichen Ausgaben sind in den Erläuterungen zur Gewinn-und-Verlust-Rechnung aufgeführt. Die Unternehmen sind verpflichtet, hier die Posten anzugeben, die zur Ermittlung des Betriebsergebnisses abgezogen wurden. Addieren Sie diese, wobei Sie all jene Posten unberücksichtigt lassen (wie Abschreibungen und Rückstellungen), die nicht tatsächlich zu Bargeldströmen führen.

Die Berechnung – die Theorie

Abbildung 18.1 zeigt die verschiedenen Zahlen, die dem Jahresabschluss zu entnehmen sind, und ihren Einsatz bei der Berechnung der Kennzahl.

Abbildung 18.1 Berechnung der Kennzahl »Burn Rate«

Universal Widgets Zwischenbilanz und Gewinn-und-Verlust-Rechnung enthalten folgende Posten:

Halbjahr bis zum Dezember **£ Mio.**

Gewinn-und-Verlust-Rechnung

Umsatzerlöse	5,0
Umsatzaufwendungen	3,0
Bruttogewinn	**2,0**

Das Betriebsergebnis wird errechnet durch Abzug von:

Prüfungshonorar	**0,5**
Abschreibungen auf Sachanlagen	0,7
Abschreibungen auf den immateriellen Geschäftswert	0,8
Personalkosten	**2,0**
Vertriebs-, Gemein- und Verwaltungskosten	**4,0**
Forschung und Entwicklung	**1,0**

Bilanz zum Stichtag 31. Dezember

Liquide Mittel	15,0
Wertpapiere des Umlaufvermögens und Bankguthaben	2,0
Überziehungskredite	1,5
Langfristige Verbindlichkeiten	0,5
Effektive betriebliche Ausgaben	5,5
(Rechenweg)	(1 + 4 + 2 + 0,5 − 2)
Effektive betriebliche Ausgaben pro Monat (Burn Rate)	0,916
(Rechenweg)	(5,5/6 Monate)
Nettobestand an liquiden Mitteln	15,0
(Rechenweg)	(15 + 2 − 1,5 − 0,5)
Monate bis zur Aufzehrung der liquiden Mittel	**16,4 Monate**
(Rechenweg)	(15,0/0,916)

Abbildung 18.2 zeigt, wie die fett gedruckten Zahlen aus diesem Auszug aus dem Jahresabschluss von Interactive Investor International zur »Unternehmenskennzahl« kombiniert werden. Interactive Investor International *(www.iii.co.uk)* ist eine Finanz- und Investmentportal-Site für Kleinanleger.

Abbildung 18.2 Berechnung der Burn Rate für Interactive Investor International auf der Basis des Geschäftsberichts 2000

Die Zahlen ...

Konsolidierte Gewinn-und-Verlust-Rechnung für das zweite Quartal und die sechs Monate bis 31. März 2000
(S. 10 im veröffentlichten Jahresabschluss von Interactive Investor International)

(£ in Tausend)	2000
Nettoumsatz	2 751
Umsatzaufwendungen	2 031
Bruttogewinn	**720**
Betriebliche Aufwendungen	**11 022**
Davon: Abschreibungen	**312**
Bezüge in Form von Aktien	**467**
Später fällige Bezüge	**2 307**

Konzernbilanz zum 31. März 2000 (S. 11)

Bankguthaben und Kasse	**72 770**
Verbindlichkeiten und Rückstellungen	**9 839**

Die Berechnung ...

Effektive betriebliche Ausgaben	7 216
(Rechenweg)	(11 022 – 312 – 467 – 2 307 – 720)
Effektive betriebliche Ausgaben pro Monat (Burn Rate)	1 203
(Rechenweg)	(7 216/6)
Barbestände abzüglich kurzfristige Verbindlichkeiten	62 931
(Rechenweg)	(72 770 – 9 839)
Monate bis zur Aufzehrung der Barbestände	**52 Monate**
(Rechenweg)	(62 931/1 203)

Beim gegenwärtigen Ausgabetempo wird es über vier Jahre dauern, bis Interactives liquide Mittel aufgezehrt sind.

Abbildung 18.2 zeigt verschiedene Probleme auf, die bei der Berechnung dieser Kennzahl auftauchen. Wichtig ist, dass die verwendeten Zahlen stets auf möglichst aktuellem Stand sind. Stammen sie aus Zwischen- oder Quartalsberichten, so sind möglicherweise nicht alle Details enthalten, die für eine zuverlässige Berechnung nötig sind.

Im Fall von Interactive Investor International liegt keine eindeutige Aufschlüsselung der betrieblichen Aufwendungen vor, obwohl die Abschreibungen und sonstige nicht liquiditätswirksame Posten den Erläuterungen zu entnehmen sind, die die Brücke zwischen Kapitalflussrechnung und Gewinn-und-Verlust-Rechnung schlagen.

Des Weiteren fehlt eine Analyse der kurzfristigen Verbindlichkeiten. Normalerweise könnten Sie daraus ermitteln, welcher Anteil dieser Summe aus kurzfristigen Schuldtiteln besteht. In Ermangelung anderer Informationen zieht man am besten alle kurzfristigen Verbindlichkeiten ab, um die verfügbaren Barbestände zu errechnen.

Die Bedeutung

Kein Unternehmen kann unbegrenzt rote Zahlen schreiben. Irgendwann geht ihm das Geld aus. Die Burn Rate verrät, wie viel Zeit einem solchen Unternehmen bleibt, bis es spürbare Gewinne ausweisen muss, um seine Kosten zu decken – oder bis es irgendwo anders Mittel auftreiben muss, um seine Rechnungen zu bezahlen.

Wird die Burn Rate fortlaufend alle sechs Monate berechnet, so zeigt sich der Fortschritt des Unternehmens bei der Generierung von Gewinnen beziehungsweise der Eindämmung von Verlusten und der Kostenkontrolle. Nicht vorhersehbar ist dabei, inwieweit der Markt bereit ist, auf weitere Versuche der Kapitalbeschaffung einzugehen. Unternehmen mit hoher Burn Rate, schwindenden Barbeständen und einem ungnädigen Markt sind dem Untergang geweiht und daher tunlichst zu meiden.

3.7 Kapitalrentabilität

Die Definition

Die *Kapitalrentabilität*, englisch »Return On Capital Employed« (ROCE), ist eine von mehreren Kennzahlen, die den Gewinn mit den im Geschäft eingesetzten Vermögenswerten in Beziehung setzen. Die Kapitalrentabilität ist der Anteil, den der Gewinn vor Zinsen und Steuern (Profit oder Earnings Before Interest and Tax – PBIT beziehungsweise EBIT) am eingesetzten Nettokapital (Net Capital Employed oder NCE) darstellt.

Das eingesetzte Nettokapital ist das Kapital, das dem Unternehmen von Aktionären und anderen Kapitalgebern in Form von langfristigen Krediten oder Anleihen zur Verfügung gestellt wird.

Die ROCE wird oft auf der Basis des Durchschnitts des zu Beginn und zum Ende des Jahres gebundenen Kapitals berechnet. Der Durchschnittswert des eingesetzten Kapitals entspricht dem Vermögensbetrag, mit dem der Ertrag während des Jahres erwirtschaftet wird. Verwendet man diesen Durchschnittswert, so gelangt man zu einer Kennzahl, die als Rentabilität des durchschnittlich eingesetzten Kapitals oder englisch als »Return On Average Capital Employed« (ROACE) bezeichnet wird.

Die Formeln

ROCE = Gewinn vor Zinsen und Steuern × 100/eingesetztes Nettokapital

ROACE = Gewinn vor Zinsen und Steuern × 100/(eingesetztes Nettokapital am Ende des Vorjahres + eingesetztes Nettokapital am Ende des letzten Jahres)/2

Die Komponenten

Eingesetztes Nettokapital (Net Capital Employed oder NCE) – ist das Kapital, das dem Unternehmen von Aktionären und anderen Kapitalgebern, etwa in Form von langfristigen Krediten oder Anleihen, zur Verfügung gestellt wird. Den Betrag können Sie einfach ausrechnen, indem Sie die Summe der Aktivposten der Bilanz hernehmen und die kurzfristigen Verbindlichkeiten davon abziehen. Kurzfristige Verbindlichkeiten werden ausgeschlossen, da diese Komponente des Kapitals nicht permanent zur Verfügung steht.

Durchschnittlich eingesetztes Kapital – ist das Kapital, das am Jahresanfang zur Verfügung stand (also quasi das am Ende des Vorjahres eingesetzte Kapital) zuzüglich des Nettobetrages des am Jahresende eingesetzten Kapitals. Die Summe wird durch zwei geteilt, um den Durchschnitt zu errechnen.

Gewinn vor Zinsen und Steuern (PBIT oder EBIT) – wird einfach berechnet, indem man den Zinsaufwand zum Gewinn vor Steuern addiert.

Wo finde ich die nötigen Daten?

Eingesetztes Nettokapital – wird oft als separater Posten in der konsolidierten oder Konzernbilanz ausgewiesen, gewöhnlich etwa in der Mitte der Seite. Ist die Zahl nicht angegeben, sollten zumindest die relevanten Aktivposten problemlos zu erkennen sein. Davon sind die kurzfristigen, das heißt binnen eines Jahres fälligen Verbindlichkeiten abzuziehen. So erhalten Sie das eingesetzte Nettokapital. Die meisten Bilanzen enthalten zumindest Daten für die letzten zwei Jahre, sodass man das zu Jahresbeginn eingesetzte Kapital den Angaben zum Vorjahr entnehmen kann.

Gewinn vor Zinsen und Steuern – ist in der Gewinn-und-Verlust-Rechnung enthalten. Im Normalfall muss man nicht erst in den Erläuterungen nachsehen, um den Gewinn vor Steuern und den Zinsaufwand zu ermitteln. Bedenken Sie jedoch, dass bei Unternehmen, deren Zinserträge den Zinsaufwand übersteigen (also solche mit höherer Liquidität und niedrigerem Fremdkapitalanteil), die PBIT-Zahl geringer ausfällt als der Gewinn vor Steuern.

Die Berechnung – die Theorie

Abbildung 19.1 zeigt die verschiedenen Zahlen, die dem Jahresabschluss zu entnehmen sind, und ihren Einsatz bei der Berechnung der Kennzahl.

Abbildung 19.1 Berechnung der Kennzahl »Kapitalrentabilität«

Aussie Widgets Pty Ltd. hat die folgenden relevanten Zahlen in Gewinn-und-Verlust-Rechnung und Bilanz ausgewiesen:

	Mio. australische Dollar	
	2000	1999
Betriebsergebnis	20	18
Verbundene Unternehmen	5	4
Abzüglich: Zinsaufwand	3	3
Gewinn vor Steuern	22	19
Immaterielle Vermögenswerte	15	15
Sachanlagen	150	145
Umlaufvermögen	25	20
Summe der Aktiva	190	180
Verbindlichkeiten mit Fälligkeit unter einem Jahr	30	26
Gewinn vor Zinsen	25	22
(Rechenweg)	(22 + 3)	(19 + 3)
Eingesetztes Nettokapital	160	154
(Rechenweg)	(190 – 30)	(180 – 26)
Durchschnittlich eingesetztes Kapital	157	
(Rechenweg)	(160 + 154)/2	
Kapitalrentabilität	**15,6 %**	
(Rechenweg)	(25 × 100)/160	
Rentabilität des durchschnittlich eingesetzten		
Kapitals	**15,9 %**	
(Rechenweg)	(25 × 100)/157	

Beachten Sie, dass das 1999 durchschnittlich eingesetzte Kapital nur mithilfe der Zahlen zum Jahresende 1998 zu ermitteln ist.

Abbildung 19.2 zeigt, wie die fett gedruckten Zahlen aus diesem Auszug aus dem Jahresabschluss von NTT zur »Unternehmenskennzahl« kombiniert werden.

Abbildung 19.2 Berechnung der Kapitalrentabilität für NTT auf der Basis des Jahresabschlusses 2000

Die Zahlen ...

	Konzernbilanz zum 31. März	
Zwischensummen aus dem Jahresabschluss (in Milliarden Yen) (S. 38 im veröffentlichten Jahresabschluss von NTT)	**2000**	**1999**
Umlaufvermögen	3 918	3 697
Sachanlagen	12 162	11 864
Beteiligungen und andere Vermögenswerte	2 494	3 541
Kurzfristige Verbindlichkeiten	3 744	3 858
Konsolidierte Gewinn-und-Verlust-Rechnung für das Jahr zum 31. März (gerundet auf Milliarden Yen) (S. 40)	**2000**	**1999**
Betriebsergebnis	872	711
Sonstige Aufwendungen		
Zinsen etc.	235	216
Zinserträge	–2	–7
Gewinne aus Aktienverkäufen	0	–1 634
Sonstige	–17	23
Summe der sonstigen Aufwendungen	217	–1 403
Gewinn vor Ertragsteuern	656	2 114

Die Berechnung ...

Eingesetztes Nettokapital	14 830	15 244
(Rechenweg)	(3 918 + 12 162 + 2 494 – 3 744)	(3 697 + 11 864 + 3 541 – 3 858)
Durchschnittlich eingesetztes Kapital	15 037	
(Rechenweg)	(14 830 + 15 244)/2	
Gewinn vor Zinsen und Steuern	889	
(Rechenweg)	(656 + 235 – 2)	
Kapitalrentabilität	**5,99 %**	
(Rechenweg)	(889 × 100)/14 830	

Der Gewinn vor Zinsen und Steuern von NTT wird durch die Summe des im Jahr 2000 eingesetzten Kapitals geteilt und in Prozent ausgedrückt.

Rentabilität des durchschnittlich eingesetzten Kapitals   **5,91 %**

(Rechenweg) $(889 \times 100)/15\,037$

NTTs Gewinn vor Zinsen und Steuern wird durch das in den beiden Jahren durchschnittlich eingesetzte Kapital geteilt und in Prozent ausgedrückt.

Die Zahlen zeigen manche der Probleme auf, die eine akkurate Berechnung mit sich bringt. Im Fall der Zahlen für 2000 ist die Ermittlung des Gewinns vor Zinsen und Steuern recht einfach. Im Vorjahr jedoch gab es einen großen außerordentlichen Posten, der die gesamte Berechnung verzerren könnte. In solchen Fällen muss man Urteilsvermögen beweisen bei der Entscheidung, welches das normale, fortlaufende Gewinnniveau vor Steuern für die Ermittlung des PBIT darstellt, zu dem dann die Zinsen hinzuzurechnen sind.

Eine weiterer Punkt, der sich aus diesem Beispiel ergibt, ist, dass das von NTT im fraglichen Zeitraum eingesetzte Kapital gesunken ist. Das heißt, dass die Rentabilität des durchschnittlich eingesetzten Kapitals niedriger ausfällt als die Rendite auf das am Ende des Jahres investierte Kapital. Im Normalfall ist das umgekehrt. Auch absolut betrachtet ist die Kapitalrentabilität von NTT ausgesprochen niedrig.

Die Bedeutung

Die verschiedenen Rentabilitätszahlen sind etwas verwirrend. Den Abweichungen wird manchmal eine unnötig große Bedeutung beigemessen. Gute Unternehmen haben eine hohe Kapitalrentabilität, schlechte eine niedrige. Doch selbst diese Unterscheidung ist nicht immer eindeutig. Konjunkturabhängige Aktien können hinsichtlich der Rentabilität drastischen Schwankungen ausgesetzt sein. Wenn Sie die Aktie zum richtigen Zeitpunkt im Zyklus erwerben, können Sie damit attraktive Gewinne erzielen, auch wenn die Renditen kein sonderlich gutes Bild abgeben.

Bei der Kapitalrentabilität wird nicht zwischen den verschiedenen Arten von Kapital unterschieden, mit denen die Rendite erwirtschaftet wird. Es wird lediglich der vom Unternehmen mithilfe des Kapitals generierte Ertrag gemessen, ungeachtet seiner Herkunft oder der damit verbundenen Kosten.

Es kann aufschlussreich sein, die ROCE den Kapitalkosten gegenüberzustellen. Doch in diesem Fall müssen Sie die Rendite auf der Basis des PBIT nach Steuern errechnen. Der entsprechende Faktor wird meist mit NOPLAT bezeichnet (Net Operating Profits Less Adjusted Taxes). Dafür werden zwar die Steuern vom konventionellen PBIT abgezogen, der Betrag wird jedoch berichtigt im Hinblick auf den Umstand, dass das nachträgliche Aufaddieren der Zinsen die Aufnahme eines fiktiven zusätzlichen Steuerbetrags in die Gleichung bedingt. Die Rendite errechnen wir dann wie gehabt. Wie man die Kapitalkosten ermittelt, ist in Unternehmenskennzahl »Gewichtete durchschnittliche Kapitalkosten« näher erläutert.

Wenn manche Unternehmen im Branchenvergleich schlecht abschneiden, so ist das meistenteils auf ineffizientes Management der Vermögenswerte zurückzuführen – zu viele periphere Geschäftsbereiche, die schlechte Ergebnisse bringen – oder auf Faktoren, die außerhalb des Einflussbereichs des Unternehmens liegen – etwa strenge behördliche Vorschriften.

Im Fall von NTT liegt die ROCE bei etwa 6 Prozent. British Telecom hat im gleichen Jahr 16 Prozent erreicht, obwohl das Unternehmen sicher kein Musterbeispiel für Effizienz ist.

Die Zahlen müssen jedoch erst den jeweiligen Kapitalkosten gegenübergestellt werden, damit ein schlüssiger Vergleich möglich wird. Ein Unternehmen, dessen Rendite die Kapitalkosten nicht deutlich übersteigt, zerstört im Grunde seine eigene Kapitalbasis. Die letztlich Leidtragenden dieses Prozesses sind die Aktionäre. Deshalb ist die ROCE als Messwerkzeug so interessant.

3.8 Eigenkapitalrentabilität

Die Definition

Die *Eigenkapitalrentabilität*, englisch »Return On Equity« (ROE), ist eine weitere Kennzahl, die ein Bindeglied schafft zwischen Gewinn-und-Verlust-Rechnung und Bilanz. Sie vergleicht den auf die Aktionäre entfallenden Gewinn mit den Unternehmenswerten, die sich im Besitz der Aktionäre befinden. Dazu wird der Nettoertrag nach allen Abzügen (mit Ausnahme der Aktiendividenden) als Prozentsatz des Eigenkapitals ausgedrückt.

Wie die Kapitalrentabilität wird auch diese Kennzahl oft auf der Basis des *durchschnittlich* zwischen Beginn und Ende des Betrachtungszeitraums eingesetzten Eigenkapitals (ROAE) berechnet. Zum Eigenkapital zählen gewöhnlich immaterielle Vermögenswerte und der Geschäftswert, insbesondere jegliche über die Zeit hinweg angehäufte Geschäftswerte, die nicht in der Bilanz ausgewiesen werden.

Die Formeln

ROE = auf die Aktionäre entfallender Nettogewinn × 100/Eigenkapital

ROAE = auf die Aktionäre entfallender Nettogewinn × 100/(Eigenkapital zum Ende des Vorjahres + Eigenkapital zum Ende des betrachteten Jahres)/2

Die Komponenten

Auf die Aktionäre entfallender Nettogewinn – ist definiert als Gewinn nach allen Abzügen mit Ausnahme der Dividenden auf Stammaktien. Hier geht es um die Erträge, die einzig und allein auf die Stammaktionäre entfallen (die diesen also »gehören«). Daher ist der Gewinn nach Abrechnung aller Steuern, der Erträge Dritter aus Minderheitsbeteiligungen und der Vorzugsdividenden (so vorhanden) anzusetzen.

Eigenkapital – wird meist ermittelt, indem man die Summe der Sachanlagen des Unternehmens heranzieht und das Umlaufvermögen hinzurechnet. Anschließend werden die kurzfristigen und langfristigen Verbindlichkeiten sowie die Rückstellungen abgezogen. Die Differenz repräsentiert die Vermögenswerte, die dann noch übrig bleiben und den Aktionären »gehören«.

Im Gegensatz zu der zur Ermittlung des Buchwerts im Kapitel zur Unternehmenskennzahl »Kurs-Buchwert-Verhältnis« angestellten Berechnung werden bei der Berechnung der Eigenkapitalrentabilität alle immateriellen Vermögenswerte eingerechnet. Das gilt insbesondere für eventuell angesammelten immateriellen Geschäftswert, der in der Bilanz nicht konkret auftaucht – ungeachtet des Umstands, ob er bereits abgeschrieben wurde. Gegebenenfalls sollte dieser Wert auf das Eigenkapital angerechnet werden.

Dies ist eine äußerst wichtige Unterscheidung. Die Eigenkapitalrentabilität ist einer der entscheidenden Tests der Effizienz des Managements. Daher muss im Nenner sämtliches Kapital angegeben werden, das vom Management eingesetzt wurde, nicht nur der Teil, der auf der ersten Seite der Bilanz ausgewiesen wird. Der kumulierte Unternehmenswert kann sich von Jahr zu Jahr verändern und sollte daher für jedes Jahr separat angegeben werden, wenn man die Rentabilität des durchschnittlichen Eigenkapitals berechnet.

Wo finde ich die nötigen Daten?

Auf die Aktionäre entfallender Nettogewinn – wird ziemlich weit unten auf der ersten Seite der Gewinn-und-Verlust-Rechnung ausgewiesen. Es ist die Zahl nach Abzug von Vorzugsdividenden und Erträgen Dritter aus Minderheitsbeteiligungen (so vorhanden) heranzuziehen.

Eigenkapital – wird in der Konzernbilanz angegeben. Ist auch zu bezeichnen als Summe des Aktienkapitals zuzüglich verschiedener Rücklagen. Achten Sie jedoch darauf, ob darin womöglich immaterielle Vermögenswerte enthalten sind. Kumulierte Abschreibungen auf den immateriellen Geschäftswert sind normalerweise in den Erläuterungen zum Jahresabschluss angegeben, gewöhnlich (bei britischen Unternehmen) in der Anmerkung zum Eigenkapital oder zu den Sachanlagen.

Die Berechnung – die Theorie

Abbildung 20.1 zeigt die verschiedenen Zahlen, die dem Jahresabschluss zu entnehmen sind, und ihren Einsatz bei der Berechnung der Kennzahl.

Abbildung 20.1 Berechnung der Kennzahl »Eigenkapitalrentabilität«

Universal Widgets plc weist in der Gewinn-und-Verlust-Rechnung und in der Bilanz folgende Zahlen aus:

Jahr bis Dezember	2000	1999
Gewinn vor Steuern	50	40
Abzüglich: Steuern	15	12
Gewinn nach Steuern	35	28
Abzüglich: Erträge Dritter aus Minderheitsbeteiligungen	1	1
Auf die Aktionäre entfallender Gewinn	34	27
Eigenkapital	15	15
Freie Rücklagen	50	44
Kapitalrücklagen	100	100
Summe Eigenkapital und Rücklagen	165	159
Kumulierte Abschreibungen auf immateriellen Geschäftswert vor dem 1. Januar 1998	20	20
Berichtigtes Eigenkapital	185	179
(Rechenweg)	(165 + 20)	(159 + 20)
Durchschnittliches berichtigtes Eigenkapital	182	
(Rechenweg)	(185 + 179)/2	
Rentabilität des durchschnittlichen berichtigten Eigenkapitals	**18,68 %**	
(Rechenweg)	(34 × 100)/182	

Dieses Beispiel zeigt, welchen Unterschied das Element des immateriellen Geschäftswerts bei der Berechnung ausmachen kann. Wird die Kennzahl auf der Basis der letzten Angabe zum Eigenkapital ohne immateriellen Geschäftswert ermittelt, so betrüge die Eigenkapitalrentabilität 20,6 Prozent (34 x 100 geteilt durch 165) – also fast zwei Prozentpunkte mehr als bei der Berechnung nach der bevorzugten Methode. Die Leistungen des Managements würden damit überbewertet. Betrachtet man den kumulierten immateriellen Geschäftswert als Sonderausgabe für vergangene Erwerbungen, so ist leichter zu verstehen, warum er mit einbezogen werden sollte.

137

Eigenkapital-
rentabilität

Abbildung 20.2 zeigt, wie die fett gedruckten Zahlen aus diesem Auszug aus dem Jahresabschluss von Kingfisher zur »Unternehmenskennzahl« kombiniert werden.

Abbildung 20.2 Berechnung der Rentabilität des durchschnittlichen Eigenkapitals für Kingfisher auf der Basis des Jahresabschlusses 2000

Die Zahlen ...

Konsolidierte Gewinn-und-Verlust-Rechnung
für das Geschäftsjahr zum 29. Januar
(S. 45 im veröffentlichten Jahresabschluss von Kingfisher)

	2000	1999
	£ Millionen	
Gewinn aus ordentlicher Geschäftstätigkeit vor Steuern	726,2	629,3
Steuern auf Gewinn aus ordentlicher Geschäftstätigkeit	−204,4	−183,5
Gewinn aus ordentlicher Geschäftstätigkeit nach Steuern	521,8	445,8
Erträge Dritter aus Minderheitsbeteiligungen	−102,4	−8,9
Auf die Mitglieder von Kingfisher entfallender Gewinn im Geschäftsjahr	419,4	436,9
Dividenden auf Aktien	−198,2	−175,3
Einbehaltener Gewinn für das Geschäftsjahr	221,2	261,6

Bilanz zum Stichtag 29. Januar 2000 (S. 47)	2000	1999
Kapital und Rücklagen		
Eingefordertes Kapital	171	170
Agio	255,2	237,7
Neubewertungsrücklage	534,4	395,4
Kapitalrücklagen	148,2	146,3
Gewinn-und-Verlust-Rechnung	1 519,8	1 301,2
Eigenkapital	2 628,6	2 250,6
Minderheitsbeteiligungen	456,9	365,7
	3 085,5	2 616,3

Erläuterung 31 Rücklagen (S. 69)

Der kumulierte immaterielle Geschäftswert, der zu Beginn und Ende des Geschäftsjahrs direkt von den Rücklagen abgeschrieben wird und auf Unternehmen entfällt, die noch zum Konzern gehörten, beträgt **1 541,2 Millionen Pfund.**

Die Berechnungen ...

Berichtigtes Eigenkapital zum Jahresende	4 169,8	3 791,8
(Rechenweg)	(1 541,2 + 2 628,6)	(1 541,2 + 2 250,6)

Durchschnittliches berichtigtes
Eigenkapital 3 980,8
(4 169,8 + 3 791,8)/2

Rentabilität des durchschnittlichen
Eigenkapitals **10,54 %**
(Rechenweg) (419,4 × 100/3 980,8)

Kingfishers Gewinn nach Steuern wird ausgedrückt als Prozentsatz des Eigenkapitals, berichtigt um den bereits abgeschriebenen immateriellen Geschäftswert. Würde das unberichtigte Eigenkapital zugrunde gelegt, so betrüge die ROAE am Jahresende 15,96 Prozent. Das entspräche einem Gewinn von 419,4 Millionen Pfund, ausgedrückt als Prozentsatz des Eigenkapitals in Höhe von 2 628,6 Millionen Pfund.

Die Berechnung zeigt, wie wichtig es ist, den direkt von den Rücklagen abgeschriebenen immateriellen Geschäftswert in die Rechnung einzubeziehen. In diesem Fall macht das einen Unterschied zwischen einer halbwegs anständigen Zahl (von rund 16 Prozent) und einer viel weniger eindrucksvollen (rund 10 Prozent) aus. An anderer Stelle in der Bilanz weist Kingfisher einen immateriellen Geschäftswert von 397,4 Millionen Pfund aus, der automatisch in das Eigenkapital eingerechnet wird.

Die höhere Zahl enthält zusätzlichen immateriellen Geschäftswert, der durch vergangene Erwerbungen generiert und abgeschrieben wurde. Nichtsdestoweniger sollte er in die Berechnung einfließen. Er stellt dar, was das Management beim Kauf über den materiellen Wert hinaus bezahlt hat. Er muss berücksichtigt werden, damit man feststellen kann, wie produktiv diese Erwerbungen in finanzieller Hinsicht waren.

Die Rechnungslegungspraxis geht in Großbritannien in jüngster Zeit dahin, dass Unternehmen solchen käuflich erworbenen immateriellen Geschäftswert für Neuerwerbungen im Jahresabschluss ausweisen müssen. Es wird jedoch noch einige Zeit dauern, bis die versteckten Angaben zu immateriellem Geschäftswert aus den Erläuterungen verschwunden sind. In anderen Ländern wird der immaterielle Geschäftswert unterschiedlich behandelt. Wichtig ist dabei, dass jeglicher immaterieller Geschäftswert, der inner- und außerhalb der Bilanz zu finden ist, eingerechnet wird.

Eigenkapital-
rentabilität

Die Bedeutung

Die ROAE ist zur korrekten Einschätzung von Unternehmen unabdingbar. Je höher sie ausfällt, desto mehr Wert wird logischerweise für die Aktionäre geschaffen. Der Ertrag kann entweder in Form von Dividenden ausbezahlt werden oder er wird vom Unternehmen einbehalten. Ist das Management in der Lage, beständig Erträge zu generieren, so gilt: Je höher der Anteil einbehaltener Gewinne, desto solider die Grundlage für zukünftiges Wachstum. Unter dem Kapitel zur Unternehmenskennzahl »Rendite wieder angelegter Eigenkapitalerträge« wird dieser Punkt in allen Einzelheiten erläutert.

Zu den Unternehmen mit hoher Eigenkapitalrentabilität gehören die klassischen »Wissensunternehmen« und solche Firmen, die fremdbezogenem Material einen hohen Zusatzwert hinzufügen. Beispiele dafür sind etwa Softwareunternehmen und Beratungsfirmen.

Unternehmen mit niedrigen Renditen meidet man am besten, es sei denn, es liegen triftige Gründe für eine nur vermeintliche oder momentane Ertragsschwäche vor (etwa stark unterbewertete Vermögensgegenstände oder die Möglichkeit eines drastischen Aufschwungs) oder sie erscheinen außergewöhnlich billig. Unternehmen, die demselben Sektor angehören, sollten ähnliche ROAE-Werte aufweisen. Vergleichen Sie sie jeweils mit dem Spitzenreiter.

3.9 Nettowert des Sachvermögens

Die Definition

Der *Nettowert des Sachvermögens*, englisch »Net Tangible Asset Value« (meist abgekürzt zu NTA oder NAV), wird berechnet, indem man das Eigenkapital heranzieht, den gesamten immateriellen Geschäftswert abzieht und das Ergebnis anteilig pro Aktie ausdrückt. Das geschieht, indem man den absoluten Betrag durch die Zahl der zum Jahresende in Umlauf befindlichen Aktien teilt. Diese Kennzahl wird gern für Unternehmen mit hohem Sachvermögensanteil eingesetzt, etwa Immobilienfirmen oder Investment Trusts.

Die Formel

NTA = Eigenkapital − immaterieller Geschäftswert (so vorhanden)/zu Jahresschluss in Umlauf befindliche Aktien

Die Komponenten

Nettosachvermögen – Wie bereits erläutert, können die Positionen des Nettosachvermögens unter verschiedenen Bezeichnungen geführt werden, darunter beispielsweise »Eigenkapital«, »materielles Unternehmensvermögen«, »Buchwert«. Welcher Begriff hier auch gewählt wird, er steht in jedem Fall für die Gesamtheit des materiellen Sachanlagevermögens eines Unternehmens zuzüglich des Umlaufvermögens abzüglich kurzfristiger und langfristiger Verbindlichkeiten sowie Rückstellungen. Diese Differenz drückt aus, welche Vermögensgegenstände übrig bleiben und den Aktionären »gehören«. Oft sind in den Bilanzzahlen auch Elemente wie immaterieller Geschäftswert oder immaterielle Vermögensgegenstände enthalten. Im Gegensatz zur vorangegangenen Unternehmenskennzahl »Eigenkapitalrentabilität« wird in diesem Fall der immaterielle Geschäftswert von der Berechnung ausgeschlossen.

Ausgegebene Aktien (Stammaktien) in Umlauf – Aktien, die ausgegeben wurden und öffentlich gehandelt werden. Für die Berechnung ist die Zahl der zum Bilanzstichtag in Umlauf befindlichen Aktien heranzuziehen, die jeweils um nachfolgende Aktiensplits zu bereinigen ist. Wurden seit Jahresende weitere Aktien ausgegeben, sind auf diese Weise beschafftes Kapital oder damit erworbene Sachanlagen ebenfalls einzurechnen.

Wo finde ich die nötigen Daten?

Nettosachvermögen – ist auf der ersten Seite der Konzernbilanz zu finden, und zwar unter einer der oben angegebenen Bezeichnungen. NTA entsprechen effektiv dem gesamten Eigenkapital zuzüglich verschiedener Rücklagen. In der Bilanz berücksichtigter immaterieller Geschäftswert oder immaterielle Vermögensgegenstände sind jedoch abzuziehen. Der Posten ist normalerweise ganz oben auf der Seite anzutreffen, in der Nähe der Sachanlagen.

Ausgegebene Aktien (Stammaktien) in Umlauf – sind den Erläuterungen zum Jahresabschluss zu entnehmen. In der Konzernbilanz wird unter dem Stichwort »eingefordertes Kapital« oder ähnlich darauf verwiesen. Es ist die Zahl der zum Jahresende in Umlauf befindlichen Aktien heranzuziehen, nicht der etwa angegebene Nennwert.

Die Anzahl von Aktien, die zur Berechnung des Ertrags pro Aktie verwendet wird, ist hier nicht geeignet. Diese stellt gewöhnlich einen auf das ganze Jahr bezogenen Durchschnittswert dar und nicht die in diesem Fall relevante aktuelle Zahl.

Die Berechnung – die Theorie

Abbildung 21.1 zeigt die verschiedenen Zahlen, die dem Jahresabschluss zu entnehmen sind, und ihren Einsatz bei der Berechnung der Kennzahl.

Abbildung 21.1 Berechnung der Kennzahl »Nettowert des Sachvermögens«

Widget Investments Inc. weist in seiner Bilanz folgende Daten aus:

Eigenkapital	$200 Mio.
Investmentportfolio, nach dem Niederstwertprinzip	$180 Mio.
Immaterielle Vermögensgegenstände	$5 Mio.
Nicht realisierte Kapitalgewinne (abzüglich Steuern)	$120 Mio.
Ausgegebene Aktien zum Jahresende	25 Mio.
Nettosachvermögen	$195 Mio.
(Rechenweg)	(200 – 5)
Nettosachvermögen einschließlich Kapitalgewinne	$315 Mio.
(Rechenweg)	(195 + 120)
Nettosachvermögen pro Aktie	**$7,80**
(Rechenweg)	(195/25)
Nettosachvermögen pro Aktie einschließlich Gewinne	**$12,60**
(Rechenweg)	(315/25)

Abbildung 21.2 zeigt, wie die fett gedruckten Zahlen aus diesem Auszug aus dem Jahresabschluss von GUS zur »Unternehmenskennzahl« kombiniert werden.

Abbildung 21.2 Berechnung des Nettowerts des Sachvermögens für Great Universal Stores auf der Basis des Jahresabschlusses 2000

Die Zahlen ...

Konzernbilanz zum 31. März	2000	1999
(S. 44 im veröffentlichen Jahresabschluss von GUS) **£ Mio.**	**£ Mio.**	**£ Mio.**
Anlagevermögen		
Geschäftswert	1 437,6	1 503,5
Sonstige immaterielle Vermögenswerte	139,1	123,4
Sonstige Kapitalanlagen zum		
Anschaffungswert	15,0	8,4
Summe Eigenkapital und Rücklagen	2 466,3	2 397,0
Marktwert der Kapitalanlagen	108,8	8,4
Nettovermögen Burberry (S. 20)	97,0	85,0
(aus dem Bericht über die einzelnen Betriebsbereiche)		

Anmerkung 25 (S. 60)

Per 31. März waren **1 005 888 345 (1999 – 1 005 769 504)** Aktien zugeteilt, eingefordert und voll eingezahlt.

Die Berechnungen...

Nettosachvermögen	889,6	770,1
(Rechenweg)	(2 466,3 – 1 437,6 – 139,1)	(2 397 – 1 503,5 – 123,4)

Hierbei handelt es sich um das Aktienkapital abzüglich immateriellem Geschäftswert und sonstigen immateriellen Vermögenswerten.

Nettosachvermögen einschließlich Kapitalanlagen zum Marktwert	983,4	770,1
(Rechenweg)	(889,6 – 15 + 108,8)	(770,1 – 8,4 + 8,4)

Hierbei handelt es sich um das oben berechnete Nettosachvermögen, wobei der Marktwert der Kapitalanlagen durch die Anschaffungskosten ersetzt wird.

Nettosachvermögen pro Aktie (in Pence)	**88,4**	**76,6**
(Rechenweg)	(889,6/1 005,9)	(770,1/1 005,8)

NTA pro Aktie		
(einschließlich Kapitalanlagen zum Marktwert)	**97,8**	**76,6**
(Rechenweg)	(983,4/1 005,9)	(wie oben)

Die oben berechneten Zahlen werden durch die jeweilige Anzahl in Umlauf befindlicher Aktien (in Millionen) geteilt. So wird der NTA-Wert pro Aktie ermittelt.

Am Beispiel von GUS zeigen sich die Grenzen dieser Berechnung. Gleichzeitig wird deutlich, wie man die Kennzahl auf spätere Ereignisse zuschneiden kann.

Ein Großteil des immateriellen Geschäftswerts, der in der GUS-Bilanz ausgewiesen wird, geht auf die jüngste Übernahme des Argos-Katalog-Präsentationsgeschäfts zurück, ein in Großbritannien gut eingeführtes Einzelhandelsformat.

Der Wert der so durchgeführten Berechnung ist begrenzt, denn GUS gilt in Großbritannien als Unternehmen mit hohem Sachvermögensanteil, das den wahren Wert seines Anlagevermögens regelmäßig zu niedrig ansetzt. Bei genauer Durchsicht der Erläuterungen zum Jahresabschluss und der jüngsten Presseberichte ergeben sich ein oder zwei Hinweise. So bewertet GUS seine Betriebsanlagen in sehr großen Abständen neu. Die letzte Neubewertung fand laut Geschäftsbericht 1996 statt. Infolgedessen sind die fraglichen Vermögensteile höchstwahrscheinlich deutlich unterbewertet.

Zweitens gehört die Einzelhandelskette Burberry zu GUS. Das Unternehmen plant für 2001 oder 2002, mit einem Teil dieses Unternehmensbereichs an die Börse zu gehen (IPO). Der anvisierte Emissionserlös bewegt sich in der Größenordnung von zwei Milliarden Pfund. Der Wert des Nettovermögens von Burberry wird in der GUS-Bilanz mit 97 Millionen Pfund angesetzt.

Die Börseneinführung von Burberry könnte also einen deutlichen Aufschlag auf das Nettosachvermögen nach sich ziehen. Auch verfügt Burberry über eine Reihe von Ladenlokalen in bester Geschäftslage in der Londoner Innenstadt und auch in anderen Ländern. Ob diese zur IPO-Masse gehören oder nicht, steht noch nicht fest.

Nettowert des
Sachvermögens

Die Bedeutung

Diese scheinbar so simple Berechnung des NTA erfordert manchmal regelrechte Detektivarbeit. Durchforsten Sie unbedingt die Erläuterungen zum Jahresabschluss nach relevanten Informationen. Versuchen Sie, sämtliche Unterschiede zwischen dem Marktwert der Vermögensteile und ihrem in der Bilanz ausgewiesenen Wert zu ermitteln. Achten Sie auch darauf, zu welchem Datum Positionen wie Grundstücke und Gebäude bewertet wurden. Stehen für Teile des Unternehmens IPOs an, vergleichen Sie deren Nettovermögensansätze mit ihrem prognostizierten Börsenwert.

Nicht selten variieren die Methoden zur Bewertung von Vermögensgegenständen von Unternehmen zu Unternehmen gewaltig. Das gilt sowohl innerhalb desselben Landes als auch für ähnliche Unternehmen in verschiedenen Ländern. Solche Unterschiede können bei der Bewertung der Aktien eine nicht unbeträchtliche Rolle spielen. Dazu ist lediglich erforderlich, dass der Markt die Abweichung zu einem späteren Zeitpunkt erkennt – entweder durch eine Übernahme oder durch Liquidation oder Ausgliederung.

Ein Wechsel des Managements löst häufig Veränderungen in der Strategie zur Wertfreisetzung aus. Unternehmen, deren Anteile mehrheitlich von Familien oder Einzelpersonen gehalten werden, sind weniger empfänglich für den Druck des Marktes zur Realisierung von Werten.

Im Fall von GUS etwa kam es zu Veränderungen, als die Familie Wolfson durch Auflösung der zweistufigen Stimmrechtsstruktur der Aktien ihre vordem starke Kontrolle über den Konzern lockerte. Seither wurden auch Führungskräfte von außerhalb angeworben.

3.10 Aufschlag auf das/Abschlag vom Nettovermögen

Die Definition

Der *Aufschlag auf das/Abschlag vom Nettovermögen* (englisch »Net Asset Value« oder NAV) ist der prozentuale Unterschied zwischen dem Aktienkurs und dem Wert des Nettovermögens des Unternehmens pro Aktie. Liegt der Aktienkurs unter dem Nettovermögen pro Aktie, so spricht man von einem »Abschlag«; ist er höher, dann spricht man von einem »Aufschlag«. Der Wert des Nettovermögens entspricht seinem Konzept nach dem Buchwert oder dem Wert des Nettosachvermögens. Ob ein Auf- oder Abschlag auf diesen Wert vorliegt, wird oft bei der Bewertung von Unternehmen mit hohem Sachvermögensanteil wie Immobiliengesellschaften oder Investment Trusts berücksichtigt.

Die Formel

Aufschlag (oder Abschlag) = (Aktienkurs $\times$ 100/Nettovermögenswert) $-$ 100

Ist das Ergebnis negativ, so gibt die Zahl den prozentualen Abschlag an; ist es positiv, entspricht es dem prozentualen Aufschlag.

Die Komponenten

Nettovermögenswert – Sie können hier die Definition des Nettosachvermögens aus dem vorhergehenden Kapitel verwenden. Die Zahl ist allerdings auf der Grundlage des aktuellen Marktwerts sämtlicher Sachwerte und Kapitalanlagen zu ermitteln.

Zur Wiederholung: Das Nettosachvermögen kann auch als Eigenkapital oder Nettovermögen oder Buchwert bezeichnet werden. Sie ziehen dafür die materiellen Sachanlagen eines Unternehmens heran, addieren die Gegenstände des Umlaufvermögens und subtrahieren kurzfristige und langfristige

Verbindlichkeiten sowie Rückstellungen. Die resultierende Zahl steht für die übrig bleibenden Vermögenswerte, die den Aktionären »gehören«. Falls nötig müssen Sie dann noch etwaigen immateriellen Geschäftswert ausklammern, der auf der ersten Seite der Bilanz ausgewiesen ist, und bei Finanzanlagen den Buchwert durch den Marktwert ersetzen.

Ausgegebene Aktien (Stammaktien) in Umlauf – bezieht sich auf die Aktien, die ausgegeben wurden und öffentlich gehandelt werden.

Für die Berechnung ist die Anzahl von Aktien einzusetzen, die sich zum Zeitpunkt der Berechnung in Umlauf befinden. Das ist normalerweise die aus dem Geschäftsbericht zu entnehmende Zahl am Vorjahresende, bereinigt um eventuelle nachträgliche Aktiensplits.

Aktienkurs – der aktuelle Marktkurs der Aktien, gewöhnlich der Mittelkurs zum Börsenschluss des vorangegangenen Handelstages.

Wo finde ich die nötigen Daten?

Nettovermögenswert – ist auf der ersten Seite der Konzernbilanz ausgewiesen, und zwar unter einer der oben aufgeführten Bezeichnungen. Weitere Informationen finden Sie in den Erläuterungen zum Jahresabschluss in Bezug auf Sachanlagen (insbesondere Gebäude und Grundstücke) und Finanzanlagen, insbesondere solche in börsengängige Wertpapiere. In der Bilanz ausgewiesener immaterieller Geschäftswert sowie andere immaterielle Vermögenswerte sind abzuziehen. Sie werden normalerweise ganz oben aufgeführt, gleich bei den Sachanlagen.

Ausgegebene Aktien (Stammaktien) in Umlauf – sind in den Erläuterungen zum Jahresabschluss enthalten. Ein Verweis auf die entsprechende Erläuterung findet sich in der Konzernbilanz unter dem Stichwort »eingefordertes Kapital« (oder ähnlich). Dabei ist die Zahl der am Jahresende in Umlauf befindlichen Stammaktien heranzuziehen und nicht ihr eventuell angegebener Nennwert.

Es ist nicht die Anzahl von Aktien einzusetzen, die zur Ermittlung des Ertrags pro Aktie verwendet wird. Sie stellt gewöhnlich einen Jahresdurchschnitt dar, nicht die möglichst aktuelle Zahl. Verwenden Sie stattdessen den neuesten Jahresendbestand.

Aktienkurs – in jeder Tageszeitung oder Finanz-Website. Achten Sie darauf, in welcher Einheit der Aktienkurs angegeben ist. In Großbritannien werden Aktien traditionell in Pence notiert. Die Berechnung des Nettovermögenswerts sollte demnach in der gleichen Einheit erfolgen.

Die Berechnung – die Theorie

Abbildung 22.1 zeigt die verschiedenen Zahlen, die dem Jahresabschluss zu entnehmen sind, und ihren Einsatz bei der Berechnung der Kennzahl.

Abbildung 22.1 Berechnung der Kennzahl »Aufschlag/Abschlag auf das Nettovermögen«

Wie in Abbildung 21.1 weist Widget Investments die folgenden Bilanzdaten aus:

Eigenkapital	$200 Mio.
Investmentportfolio, nach dem Niederstwertprinzip	$180 Mio.
Immaterielle Vermögensgegenstände	$5 Mio.
Nicht realisierte Kapitalgewinne (abzüglich Steuern)	$120 Mio.
Ausgegebene Aktien zum Jahresende	25 Mio.
Aktueller Aktienkurs	$10
Nettosachvermögen	$195 Mio.
(Rechenweg)	(200 − 5)
Nettovermögen (Nettosachvermögen einschließlich Kapitalgewinne)	$315 Mio.
(Rechenweg)	(195 + 120)
Nettovermögen pro Aktie	$12,60
(Rechenwert)	(315/25)
Abschlag auf den Nettovermögenswert	**20,60 %**
(Rechenweg)	$(10 \times 100)/12,6) - 100$
	$(= 79,4 - 100,0,$ oder $- 20,6)$

Abbildung 22.2 zeigt, wie die fett gedruckten Zahlen aus diesem Auszug aus dem Jahresabschluss von GUS – die auch im vorhergehenden Kapitel bereits teilweise erwähnt sind – zur »Unternehmenskennzahl« kombiniert werden.

Abbildung 22.2 Berechnung des Aufschlags auf das/(Abschlags vom) Nettovermögen für Great Universal Stores auf der Basis des Jahresabschlusses 2000

Die Zahlen ...

Konzernbilanz zum 31. März (S. 44 im veröffentlichen Jahresabschluss von GUS)	2000 £ Mio.	1999 £ Mio.
Anlagevermögen		
Geschäftswert	1 437,6	1 503,5
Sonstige immaterielle Vermögenswerte	139,1	123,4
Sonstige Kapitalanlagen zum		
Anschaffungswert	15,0	8,4
Summe Eigenkapital und Rücklagen	2 466,3	2 397,0
Marktwert der Kapitalanlagen	108,8	8,4
Nettovermögen Burberry (S. 20) (aus dem Bericht über die einzelnen Betriebsbereiche)	97,0	85,0

Anmerkung 25 (S. 60)

Per 31. März waren **1 005 888 345 (1 999 – 1 005 769 504)** Aktien zugeteilt, eingefordert und voll eingezahlt.

Aktienkurs von GUS in 2002	**523 Pence**	

Die Berechnungen ...

Nettosachvermögen	889,6	770,1
(Rechenweg)	(2 466,3 – 1 437,6 – 139,1)	(2 397 – 1 503,5 – 123,4)

Hierbei handelt es sich um das Aktienkapital bezüglich immateriellem Geschäftswert und sonstigen immateriellen Vermögenswerten.

Nettosachvermögen einschließlich Kapitalanlagen zum Marktwert	983,4	770,1
(Rechenweg)	(889,6 – 15 + 108,8)	(770,1 – 8,4 + 8,4)

Hierbei handelt es sich um das oben berechnete Nettosachvermögen, wobei der Marktwert der Kapitalanlagen durch die Anschaffungskosten ersetzt wird.

Nettosachvermögen pro Aktie
(einschließlich Kapitalanlagen zum Marktwert)   97,8   76,6
(Rechenweg)   (983,4/1 005,9)   (770,1/1 005,8)

Die oben berechneten Zahlen werden durch die jeweilige Anzahl in Umlauf befindlicher Aktien (in Millionen) geteilt. So wird der NTA-Wert pro Aktie ermittelt.

Aufschlag auf den Nettovermögenswert   435 %   582 %
                                    $(523 \times 100/97,8)$ $(523 \times 100/76,6) - 100$

Im dem vorhergehenden Kapitel haben wir abgeleitet, dass die IPO von Burberry den Nettovermögenswert von GUS um 189 Pence pro Aktie steigern könnte.

Zählen wir diesen zu dem oben berechneten Nettovermögenswert von 97,8 Pence hinzu, so würde sich der Aufschlag auf den Nettovermögenswert, den der aktuelle Aktienkurs beinhaltet, auf 82 % verringern. Der Nettovermögenswert mit Burberry liegt bei rund 98 + 189 Pence beziehungsweise 287 Pence.

Der Unterschied zwischen 287 Pence und dem aktuellen Aktienkurs von 532 Pence beträgt 82 Prozent.

Im vorhergehenden Kapitel haben wir über das Wesen dieser Berechnung gesprochen. Die Berechnung eines Auf- oder Abschlags auf den Nettovermögenswert führt dieses Verfahren einfach noch einen Schritt weiter, indem eine der vorab durchgeführten Berechnungen (Nettosachvermögen unter Einbezug der Kapitalanlagen zum Marktwert) herangezogen und mit dem aktuellen Aktienkurs verglichen wird. Die Anmerkung zu Burberry zu berücksichtigen ist hier legitim, denn die IPO ist bereits angekündigt und sollte es GUS ermöglichen, seine Beteiligung an Burberry auf der Grundlage des aktuellen Marktkurses neu zu bewerten – wie es auch bei anderen Beteiligungen der Fall ist.

Die Bedeutung

Auch unter Einrechnung des Burberry-Effekts wirkt GUS demnach keinesfalls »billig«. Das betont jedoch nur, dass das Unternehmen sich in einer Übergangsphase befindet – vom klassischen »Sachanlagenschwergewicht« zu einem Unternehmen mit stärker ertragsabhängigem Aktienkurs.

Der Auf- oder Abschlag auf den Nettovermögenswert wird häufiger als Messlatte für Immobilienanlageunternehmen und Investment Trusts herangezogen. Immobilien und Anlagen werden hier regelmäßig neu bewertet. Zur

Berechnung eines realistischen Nettovermögenswerts sind wir daher weniger auf Vermutungen angewiesen.

Wie bei den Größen Ertragszuwachs und Kurs-Gewinn-Verhältnis wird auch der Umstand, ob ein Auf- oder Abschlag auf den Nettovermögenswert vorliegt, dadurch bestimmt, wie erfolgreich das Management beständiges Wachstum der Vermögenswerte generiert – oder eben nicht. Je mehr das Management hier leistet, desto größer die Aussicht, dass die Anleger bereit sind, einen Aufschlag auf den Nettovermögenswert zu bezahlen. Zeigt das Management hier dürftige Leistungen, so ist die Wahrscheinlichkeit groß, dass die Aktien mit einem deutlichen Abschlag gehandelt werden. Immobilienanlageunternehmen und Investment Trusts sind zwar nicht vollkommen homogen, doch sie weisen genügend Gemeinsamkeiten auf, um diese Kennzahl zum Vergleich zwischen verschiedenen Unternehmen derselben Kategorie zu verwenden – sowohl innerhalb desselben nationalen Marktes als auch auf internationaler Ebene.

Teil 4
Cashflowbasierte Unternehmenskennzahlen

»Cash is king«, lautet eine englische Redensart. Die »Unternehmenskennzahlen«, die auf den Cashflow-Rechnungen eines Unternehmens beruhen, sind deshalb so bedeutsam, weil sie – im Gegensatz zu den Gewinnen – nicht gefälscht, geschönt oder manipuliert werden können.

Im Zweifel genügt ein Blick auf die Cashflow-Rechnung, um festzustellen, was tatsächlich vorgeht. Waren die Gewinne eines Unternehmens durch Veränderungen in der Abschreibungspraxis künstlich hochgetrieben worden? Gab es inflatorische Wirkungen durch Bestandsaufbau? Oder musste das Unternehmen seine Rechnungen schneller bezahlen oder Kunden günstigere Kreditbedingungen einräumen?

Die in diesem Teil abgehandelten »Unternehmenskennzahlen« sind gering an der Zahl und verhältnismäßig einfach zu ermitteln, doch bei der Bewertung eines Unternehmens spielen sie eine entscheidende Rolle.

- Der frei verfügbare Cashflow ist die Grundlage für verschiedene andere Maßgrößen und kann ziemlich genau und einfach berechnet werden. Er zeigt auf, was ein Unternehmen nach Erfüllung aller maßgeblichen Zahlungsverpflichtungen (insbesondere Zinsen und Steuern) erwirtschaftet hat.
- Die Ausgaben für das Anlagevermögen im Verhältnis zu den Abschreibungen ergeben eine bedeutsame Kennzahl. Um ausgediente Vermögensgegenstände zu ersetzen, geben Unternehmen im Normalfall mehr aus, als sie zu diesem Zweck beiseite gelegt haben. Je stärker ein Unternehmen wächst, desto mehr wird hier zugesetzt. Erwirtschaftet ein Unternehmen aus seinen Anlagen nur geringe Renditen, so sind diese Ausgaben unter Umständen schlecht angelegt.
- Ein Vergleich des Cashflows aus dem laufenden Geschäft mit dem Betriebsgewinn zeigt, wie effizient ein Unternehmen seinen Gewinn in bare Münze verwandelt. Bei den meisten Unternehmen sollte der Cashflow aus dem laufenden Geschäft den Betriebsgewinn übersteigen.
- Das Verhältnis von Kurs zu frei verfügbarem Cashflow schließlich ist des Pendant der Cashflow-Rechnung zum Kurs-Gewinn-Verhältnis. Hier wird

Unternehmenskennzahlen. Peter Temple.
Copyright © 2007 WILEY-VCH Verlag GmbH & Co. KGaA, Weinheim
ISBN 978-3-527-50298-1

allerdings anstelle des Gewinns der frei verfügbare Cashflow herangezogen und durch den Kurs geteilt. Diese Zahl will sorgfältig interpretiert sein, ist jedoch als Indikator zuverlässiger (wenn auch weniger gebräuchlich).

Nicht alle diese »Unternehmenskennzahlen« sind auf jedes Unternehmen anzuwenden, wobei das Kurs-Cashflow-Verhältnis wie auch das Verhältnis von Cashflow aus laufendem Geschäft zum Betriebsgewinn in den meisten Fällen gut funktionieren. Lediglich die auf die Abschreibungen ausgerichtete Kennzahl wird allgemein seltener herangezogen. Grund dafür ist, dass Sachanlagen bei bestimmten Unternehmenstypen für einen effizienten Betrieb nur geringe Bedeutung haben.

Ebenso bedeutsam ist, dass der frei verfügbare Cashflow bei der Bewertung von Unternehmen auf der Grundlage abgezinster Cashflows (siehe Kapitel Unternehmenskennzahl »Abgezinster Cashflow« eine zentrale Rolle spielt.

Die große Bedeutung des Cashflows und aller damit zusammenhängenden Zahlen für die Beurteilung der finanziellen Gesundheit eines Unternehmens erklärt, weshalb sich manche Unternehmen mit diesbezüglichen Angaben eher bedeckt halten. In vielen Ländern werden Cashflow-Rechnungen erst nachträglich geliefert. Zum Halbjahr sind Angaben zu Cashflow-Zahlen unüblich.

Der Cashflow ist, so heißt es jedenfalls, ein nicht ganz leicht nachvollziehbares Konzept. Und Analysten sind von Natur aus faul. So erklärt es sich, dass diese Kennzahlen von professionellen Investoren wie von Privatanlegern viel zu selten eingesetzt werden. Sie können sich also einen echten Vorsprung bei der Aktienauswahl sichern, wenn Sie sich damit näher befassen.

4.1 Freier Cashflow

Die Definition

Cashflow ist nicht gleich Gewinn. Bei der Berechnung des Cashflows werden buchungstechnische Transaktionen ignoriert. Der Cashflow gibt ausschließlich an, welche Geldströme in das Unternehmen herein- und aus dem Unternehmen hinausfließen. Der Cashflow aus dem laufenden Geschäft (das Cashflow-Pendant zum Betriebsgewinn) lässt Abschreibungen, auch solche auf den immateriellen Geschäftswert, einbehaltene Gewinne von Minderheitsbeteiligungen, kapitalisierte Zinsen und andere Dinge, die lediglich das Ergebnis buchhalterischer Konventionen sind, außer Acht. Der *frei verfügbare Cashflow*, englisch »free cashflow« oder FCF, geht noch einen Schritt weiter. Hier werden auch solche Posten abgezogen, die ein Unternehmen nicht umgehen kann, wenn es im Geschäft bleiben will: Zinsen, Steuern und ausreichende Investitionsausgaben zur Erhaltung seiner Sachanlagen.

Die Formel

Freier Cashflow = Cashflow aus dem laufenden Geschäft – Zinsen –
                     Steuern – Erhaltungsaufwand

Die Komponenten

Cashflow aus dem laufenden Geschäft – wird auch manchmal als »Mittelzufluss/Mittelabfluss aus laufender Geschäftstätigkeit« bezeichnet oder als »Nettozufluss von Zahlungsmitteln aus der laufenden Geschäftstätigkeit« und ist das Ergebnis der Berichtigung des Betriebsgewinns um Posten, die zwar Einfluss haben auf die Gewinnberechnung, jedoch nicht mit Geldströmen verbunden sind. Zu diesen Posten zählen Abschreibungen, Rückstellungen, einbehaltene Gewinne verbundener Unternehmen oder Minderheitsbeteiligungen und Veränderungen bei Forderungen, Verbindlichkeiten und Inventar. Die meisten Unternehmen erläutern detailliert, wie sie den Cashflow aus dem laufenden Geschäft ermittelt haben.

Gezahlte Zinsen – sind die im Betrachtungsjahr ausgezahlten Zinsen. Der Betrag deckt sich möglicherweise nicht ganz genau mit dem in der Gewinn-und-Verlust-Rechnung ausgewiesenen, was vom Zeitpunkt der Zinszahlungen abhängt und davon, ob Zinsen kapitalisiert werden. Zinsen müssen bei Fälligkeit in voller Höhe gezahlt werden. Ob ein Unternehmen Zinsen kapitalisiert oder nicht (kapitalisieren bedeutet, dass die Beträge in der Gewinn-und-Verlust-Rechnung unberücksichtigt bleiben), ändert nichts an dem Umstand, dass auch kapitalisierte Zinsen faktisch einen Aufwandsposten für das Unternehmen darstellen.

Gezahlte Steuern – sind die im Betrachtungsjahr tatsächlich gezahlten Steuern. Die Zahl, die das Unternehmen für das fragliche Jahr in der Gewinn-und-Verlust-Rechnung ausweist, kann davon unter Umständen abweichen. So können etwa Steuern auf Gewinne eines Jahres erst im Folgejahr gezahlt werden.

Ausgaben für Erhaltungsinvestitionen – sind die Investitionsausgaben, die zum ordentlichen Erhalt der Sachanlagen eines Unternehmens und zum Ersatz ausgedienter Vermögensgegenstände erforderlich sind. Wenn das Management hierzu im Geschäftsbericht keine Angaben macht, muss diese Zahl eventuell geschätzt werden. Dabei kann man als groben Richtwert für den Erhaltungsaufwand rund zwei Drittel der gesamten Investitionsausgaben ansetzen.

Wo finde ich die nötigen Daten?

Cashflow aus dem laufenden Geschäft – ganz oben in der Cashflow-Rechnung. Achten Sie darauf, dass sie den Cashflow aus dem laufenden Geschäft nicht mit dem Betriebsgewinn verwechseln. Die Cashflow-Tabellen beginnen oft mit der Angabe des Betriebsgewinns ganz oben auf der Seite und zeigen dann auf, wie sich durch verschiedene Berichtigungen der Cashflow aus dem laufenden Geschäft ergibt. Manchmal finden Sie auch in den Erläuterungen Hinweise zur Abstimmung der beiden Zahlen.

Gezahlte Zinsen – sind in dem Abschnitt der Cashflow-Rechnung zu finden, der mit »Mittelzufluss/-abfluss aus dem Schuldendienst oder aus Geld- oder Kapitalanlagen« oder ähnlich überschrieben ist. Das Zinsergebnis (also die gezahlten Zinsen abzüglich der eingenommenen Zinsen) wird herangezogen und um alle Posten ergänzt, die regelmäßige, vertraglich fixierte Zahlungen darstellen (Leasing-Zahlungen und regelmäßige Tilgungsleistungen etwa). Große Einmalposten sind dabei zu ignorieren.

Gezahlte Steuern – werden in einem separaten Abschnitt der Steuerfluss-rechnung ausgewiesen, gewöhnlich in einer eigenen Zeile.

Ausgaben für Erhaltungsinvestitionen – sind in der Cashflow-Rechnung oder in den zugehörigen Erläuterungen zu finden, und zwar unter dem Stichwort »Nettoabfluss von Mitteln für Investitionsausgaben, Kauf von Sachanlagen und Geld- und Kapitalanlagen« oder ähnlich. Zahlungen für Übernahmen (gewöhnlich als »Kauf von Tochtergesellschaften« oder ähnlich bezeichnet) und alle verdächtig großen Einmalposten bleiben hier unberücksichtigt.

Die Berechnung – die Theorie

Abbildung 23.1 zeigt die verschiedenen Zahlen, die dem Jahresabschluss zu entnehmen sind, und ihren Einsatz bei der Berechnung der Kennzahl.

Abbildung 23.1 Berechnung der Kennzahl »Freier Cashflow«

Tokyo Widgets weist in seiner Kapitalflussrechnung folgende Posten aus:

	¥ Mio.
Cashflow aus dem laufenden Geschäft	100
Abschreibungen	20
Abschreibungen auf den immateriellen Geschäftswert	25
Gezahlte Zinsen	−15
Gezahlte Steuern	−22
Käufe von Sachanlagen	−17
Verkäufe von Sachanlagen	2
Frei verfügbarer Cashflow vor Investitionen	63
(Rechenweg)	(100 − 15 − 22)

Beachten Sie, dass die Abschreibungen hier nicht abgezogen werden, da sie bereits bei der Ermittlung der Barmittelzuflüsse aus dem laufenden Geschäft entsprechend berücksichtigt wurden.

Ausgaben für Erhaltungsinvestitionen	−10
(Rechenweg)	(in etwa) zwei Drittel von (−17 + 2)
Frei verfügbarer Cashflow	**53**

Beachten Sie auch die Gepflogenheit, Mittelabflüsse in der Cashflow-Rechnung mit einem Minuszeichen zu versehen, Mittelzuflüsse dagegen mit einem Pluszeichen.

Nicht zahlungswirksame Posten sind positiv, wenn sie neutrale Aufwendungen und umgekehrt negativ, wenn sie neutrale Erträge darstellen.

Abbildung 23.2 zeigt, wie die fett gedruckten Zahlen aus diesem Auszug aus dem Jahresabschluss von BP zur »Unternehmenskennzahl« kombiniert werden.

Abbildung 23.2 Berechnung des frei verfügbaren Cashflows für BP auf der Basis des Jahresabschlusses 1999

Die Zahlen ...

Kurzfassung der Konzern-Cashflow-Rechnung für das Jahr bis zum 31. Dezember (S. 32 im veröffentlichten Jahresabschluss von BP)	$ Mio. 1999	$ Mio. 1998
Mittelzu-/-abfluss aus laufender Geschäftstätigkeit	10 290	9 586
Dividenden aus Joint Ventures	949	544
Dividenden aus verbundenen Unternehmen	219	422
Mittelzu-/-abfluss aus Schuldendienst etc.	−1 003	−825
Gezahlte Steuern	−1 260	−1 705
Mittelabfluss für Investitionen etc.	−5 385	−7 298
Mittelzu-/-abfluss für Übernahmen und Veräußerungen	243	778
Auf Aktien ausgezahlte Dividenden	−4 135	−2 408
Mittelzu-/-abfluss	−82	−906

Die Berechnungen ...

Frei verfügbarer Cashflow vor Investitionen	9 195	8 022
(Rechenweg)	(10 290 + 949 + 219 − 1 003 − 1 260)	(9 586 + 544 + 422 − 825 − 1 705)

Hierbei handelt es sich um den Cashflow aus der laufenden Geschäftstätigkeit zuzüglich der Dividenden aus verbundenen Unternehmen und Joint Ventures abzüglich Zins- und Steuerzahlungen.

Ausgaben für Erhaltungsinvestitionen	−3 608	−4 890
(Rechenweg)	(−5 385 × 0,67)	(−7 298 × 0,67)

Er wird auf zwei Drittel der gesamten Investitionsausgaben geschätzt.

Frei verfügbarer Cashflow	5 587	3 132
(Rechenweg)	(9 195 − 3 608)	(8 022 − 4 890)

Diese Zahl entspricht dem frei verfügbaren Cashflow vor Investitionen abzüglich der Erhaltungsausgaben.

Im Fall von BP ist die Berechnung relativ unkompliziert und kann durchgeführt werden, ohne die Erläuterungen zum Jahresabschluss heranzuziehen.

Die Kurzfassungen der Jahresrechnungen von BP (die hier verwendet wurden) sind wenig aufschlussreich, was die Unterscheidung in Erhaltungsausgaben und Ausgaben für neue Anlagen angeht. Ganz im Gegenteil: Die Erläuterungen zur Investitionstätigkeit fassen die Investitionsausgaben mit den Ausgaben für Übernahmen zusammen. Der Einfachheit halber sind wir davon ausgegangen, dass die Erhaltungsausgaben etwa zwei Drittel des Gesamtbetrages ausmachen.

Die Fülle an Informationen, die auf der vorbildlichen Website des Unternehmens zur Verfügung gestellt werden, enthält vielleicht noch den einen oder anderen Hinweis auf die genaue Zahl, wenn dies auf den ersten Blick auch nicht zu erkennen war.

Die Bedeutung

Der frei verfügbare Cashflow ist so bedeutsam, weil er den Bestand an Zahlungsmitteln darstellt, der nach Abzug aller maßgeblichen Beträge verbleibt. Über den freien Cashflow kann ein Unternehmen nach Gutdünken verfügen. So kann er zum Beispiel in Form von Dividenden an die Aktionäre weitergegeben werden. Er kann für Übernahmen genutzt werden oder für Rückkäufe eigener Aktien oder auch direkt für »organische« Investitionen ins eigene Unternehmen. Oder er kann einfach einbehalten werden.

Wie ein Unternehmen seinen freien Cashflow verwendet, verrät einiges über seine Sichtweise zukünftiger Entwicklungen. Befürchtet es, dass eine Rezession bevorsteht, wird es Barreserven bilden. Rechnet es mit einer starken Konjunktur, könnte es den Rückkauf eigener Aktien veranlassen oder eine umfangreiche Übernahme tätigen.

In diesem Beispiel wird ein Großteil des Cashflows von BP in Form von Dividenden an die Aktionäre ausbezahlt. Werden die Verkäufe von Unternehmensanteilen eingerechnet, entfällt unter dem Strich kein Pfennig auf Übernahmeaktivitäten. Was bleibt, fließt allem Anschein nach in neue Anlage-investitionen.

Der frei verfügbare Cashflow bildet die Grundlage für verschiedene weitere »magische Zahlen«, die im Folgenden noch erläutert werden, insbesondere für das Kurs-Cashflow-Verhältnis und den abgezinsten Cashflow.

4.2 Ausgaben für Anlagevermögen/ Abschreibungen

Die Definition

Die *Ausgaben für Anlagevermögen*, englisch »Fixed Asset Spending« (FAS), sind gewöhnlich ein Hinweis darauf, in welchem Maße das Unternehmen in die langfristige Gesundheit seiner Geschäftsgrundlagen investiert. Die *Abschreibungen* sind der Betrag, den es auf dem Papier jedes Jahr auf die Seite bringt, um vorhandene Sachanlagen zu ersetzen. Die Gegenüberstellung dieser beiden Zahlen zeigt, wie expansionsorientiert das Management ist. Sind die Ausgaben für das Anlagevermögen doppelt so hoch wie die Abschreibungen, so investiert das Unternehmen noch einmal so viel in den Ausbau seiner Vermögenswerte wie in den Ersatz vorhandener Sachanlagen.

Die Formel

Verhältnis Ausgaben für Anlage- = Bruttoausgaben für Sachanlagen/
vermögen/Abschreibungen   jährlicher Abschreibungsaufwand

Die Komponenten

Bruttoausgaben für Sachanlagen – Dieser Posten entspricht dem Betrag, der jedes Jahr tatsächlich für Sachanlagen aufgewendet wird, auch für den Neuerwerb von Gebäuden, Grundstücken, Anlagen und Maschinen. Unter Umständen sind hier auch Ausgaben für bestimmte immaterielle Vermögensgegenstände enthalten (etwa für Software-Lizenzen oder Kundenlisten). Das sollte jedoch nur der Fall sein, wenn es sich um Posten handelt, denen später Abschreibungsaufwendungen gegenübergestellt werden. Erlöse aus dem Verkauf von Sachanlagen bleiben bei der Ermittlung dieser Kennzahl unberücksichtigt.

Jährlicher Abschreibungsaufwand – ist der Betrag, der im Jahr beiseite gelegt wird, um den Ersatz von Sachanlagen zu gewährleisten. Bei der Berechnung sind alle Aufwendungen im Zusammenhang mit der Abschreibung auf den immateriellen Geschäftswert auszuklammern.

Wo finde ich die nötigen Daten?

Bruttoausgaben für Sachanlagen – sind leicht in der Cashflow-Rechnung ausfindig zu machen.

Jährlicher Abschreibungsaufwand – ist normalerweise in der Cashflow-Rechnung enthalten. Er wird auch in der Erläuterung zur Gewinn-und-Verlust-Rechnung mit Bezug zu den betrieblichen Aufwendungen erwähnt. Ergeben sich hier unterschiedliche Beträge, ist der Betrag aus der Cashflow-Rechnung heranzuziehen. Eine detaillierter Auflistung zu den Abschreibungen ist häufig in den Bilanzerläuterungen zu den Sachanlagen enthalten. Hier sollten sie auf das Stichwort »Jahresaufwand« unter der Überschrift »Abschreibungen« achten.

Die Berechnung – die Theorie

Abbildung 24.1 zeigt die verschiedenen Zahlen, die dem Jahresabschluss zu entnehmen sind, und ihren Einsatz bei der Berechnung der Kennzahl.

Abbildung 24.1 Berechnung der Kennzahl »Ausgaben für Anlagevermögen/ Abschreibungen«

Die Cashflow-Rechnung von Universal Widgets Inc. weist folgende Posten aus:

	$ Mio.
Abschreibungen	50
Abschreibungen auf den immateriellen Geschäftswert	10
Mittelabfluss aus dem Kauf von Grundstücken, Gebäuden, Maschinen und Betriebsausstattung	75
Mittelzufluss aus dem Verkauf von Grundstücken, Gebäuden und Maschinen	5
Ausgaben für Anlagevermögen/Abschreibungen	**1,5**
(Rechenweg)	(75/50)

Abbildung 24.2 zeigt, wie die fett gedruckten Zahlen aus diesem Auszug aus dem Jahresabschluss von Ajinomoto zur »Unternehmenskennzahl« kombiniert werden.

Abbildung 24.2 Berechnung des Verhältnisses von Ausgaben für das Anlagevermögen zu Abschreibungen für Ajinomoto auf der Basis des Jahresabschlusses 2000

Die Zahlen ...

Ajinomoto und Konzerngesellschaften
Für die Jahre zum 31. März 2000, 1999, 1998
(S. 31 im veröffentlichten Jahresabschluss von Ajinomoto)

		Millionen ¥	
	2000	**1999**	**1998**
Cashflow aus laufender Geschäftstätigkeit			
Ergebnis vor Zinsen und			
Minderheitsbeteiligungen	34 336	28 875	42 281
Abschreibungen	**37 334**	**33 365**	**32 029**
Abschreibungen auf die über die			
erworbenen Vermögenswerte			
hinaus getätigten Aufwendungen	2 639	1 987	2 420
Cashflows aus Investitionstätigkeit			
(Zugang) Abgang an börsen-			
gängigen Wertpapieren	–2 257	19 333	–1 603
Erwerb von Gebäuden, Grund-			
stücken, Anlagen und			
Ausstattung	**–46 381**	**–53 395**	**–50 077**
Erlöse aus dem Verkauf von			
Gebäuden, Grundstücken,			
Anlagen und Ausstattung	5 389	2 623	2 232
Erwerb immaterieller Vermögens-			
werte, abzüglich Erlöse	–8 511	–2 592	735

Die Berechnung ...

Ausgaben für Anlagevermögen/			
Abschreibungen	**1,24**	**1,60**	**1,56**
(Rechenweg)	(46 381/37 334)	(53 395/33 365)	(50 077/32 029)

Hier besteht die Berechnung in jedem Fall einfach in der Division der fett gedruckten Zahlen, ungeachtet ihres Vorzeichens.

Die Berechnung ist in diesem Fall außergewöhnlich simpel, da die Zahlen in der Cashflow-Rechnung des Unternehmens auf den ersten Blick ersichtlich sind. Es gibt hier kaum Besonderheiten bei der Buchführung, um die man sich Gedanken machen müsste.

Auch die Interpretation der Ergebnisse ist recht unproblematisch. Das Unternehmen gibt beständig mehr aus als sein Abschreibungsaufwand ausmacht. So weit, so gut. Dabei halten sich die Ausgaben durchaus in Grenzen, und auch das ist positiv. Das Ausmaß der zusätzlichen Ausgaben ist gesunken. Das könnte entweder für das Ende einer längeren Periode mit höheren Ausgaben sprechen oder aber für größere Vorsicht seitens der Unternehmensführung.

Die Bedeutung

Das vorliegende Beispiel ist ausgesprochen typisch für die übliche Auslegung und Anwendung dieser Kennzahl. Das Verhältnis als solches hat nur begrenzte Aussagekraft. Verfolgt man es jedoch über einen Zeitraum von drei bis fünf Jahren, so können die Zahlen im Kontext betrachtet werden. Wie bei vielen anderen »Unternehmenskennzahlen«, erhält man auch bei dieser bisweilen interessante Einblicke, wenn man die Gegenüberstellungen von Ausgaben für Investitionen in das Anlagevermögen und Abschreibungen verschiedener Unternehmen aus derselben Branche miteinander vergleicht.

Ein besonders aufschlussreicher Test ist der Vergleich dieser Kennzahl mit der Eigenkapitalrendite oder dem Ertrag auf das investierte Kapital. Sind die Renditen niedrig und das Unternehmen liegt mit seinen Ausgaben weit über dem Abschreibungsprozentsatz, so besteht der begründete Verdacht, dass die zusätzlichen Ausgaben nicht besonders produktiv eingesetzt werden. Das zehrt am Wert des Unternehmens für die Aktionäre.

Betrachten Sie parallel dazu stets auch die Abschreibungsgepflogenheiten des betreffenden Unternehmens. Die diesbezügliche Unternehmenspolitik ist normalerweise gleich zu Anfang der Erläuterungen zum Jahresabschluss beschrieben. Ansonsten konsultieren Sie das Inhaltsverzeichnis. Ziehen Sie andere, ähnliche Unternehmen heran, um deren Abschreibungspraxis zu vergleichen.

Wirkt die Abschreibungspraxis beim fraglichen Unternehmen unangebracht konservativ oder nicht? Beurteilen Sie die Höhe der Ausgaben und deren Tendenz stets mit dieser Frage im Hinterkopf. Achten Sie auch auf alle Veränderungen in der Abschreibungspraxis der vergangenen Jahre, die die Kennzahl beeinflusst haben könnten – insbesondere wenn sich von einem Jahr aufs andere eine deutliche Trendveränderung ergibt.

Schließlich sollten Sie noch bedenken, dass es Unternehmen gibt, für die diese Kennzahl nicht relevant ist. Das gilt ganz besonders für Unternehmen, deren Tätigkeit hauptsächlich auf ihren Mitarbeitern basiert. Sie weisen im Verhältnis zu ihrem Umsatz ein relativ geringes Anlagevermögen auf. Dazu gehören beispielsweise Werbeagenturen, Beratungsfirmen, Softwareunternehmen, alle Firmen, die sich eher mit der Vergabe von Lizenzen befassen, als selbst etwas herzustellen, und ähnliche mehr. Bei solchen Unternehmen kann diese Kennzahl getrost ignoriert werden.

4.3 Cashflow aus laufendem Geschäft/Betriebsgewinn

Die Definition

Diese Kennzahl wird berechnet, indem man den *Cashflow aus dem laufenden Geschäft* durch den *Betriebsgewinn* (aus der Gewinn-und-Verlust-Rechnung) teilt. Im Normalfall sollte der Cashflow aus dem laufenden Geschäft den Betriebsgewinn stets übersteigen. Die Kennzahl sollte folglich einen Wert von größer als 1 haben.

Die Formel

Kennzahl = Cashflow aus dem laufenden Geschäft/Betriebsgewinn

Die Komponenten

Cashflow aus dem laufenden Geschäft – wird auch als »Mittelzu-/-abfluss aus der laufenden Geschäftstätigkeit« oder »Netto-Zufluss von Mitteln aus der laufenden Geschäftstätigkeit« bezeichnet und ist das Ergebnis der Berichtigung des Betriebsgewinns um alle Posten, die sich auf diese Zahl auswirken, jedoch keine Barmittelzu- oder -abflüsse darstellen. Diese Posten sind unter anderem Abschreibungen, Rückstellungen, einbehaltene Gewinne verbundener Unternehmen oder aus Minderheitsbeteiligungen, Veränderungen bei Debitoren, Kreditoren und Beständen. Die meisten Unternehmen schildern detailliert, wie sie ihr Betriebsergebnis berechnen.

Betriebsgewinn – wird auch als »Gewinn aus laufender Geschäftstätigkeit« bezeichnet und wird ermittelt durch Abzug verschiedener Posten vom Bruttogewinn – etwa Abschreibungen, Personalaufwand, Aufwendungen für Vertrieb und Marketing. Nicht – beziehungsweise erst im nächsten Abschnitt der Gewinn-und-Verlust-Rechnung – abgezogen werden Gewinn (oder Verluste) aus verbundenen Unternehmen oder Minderheitsbeteiligungen oder das Zinsergebnis.

Wo finde ich die nötigen Daten?

Cashflow aus dem laufenden Geschäft – ganz oben in der Cashflow-Rechnung. Achten Sie darauf, dass Sie den Cashflow aus dem laufenden Geschäft nicht mit dem Betriebsgewinn verwechseln. Cashflow-Tabellen beginnen oft mit dem Betriebsgewinn – der aus der Gewinn-und-Verlust-Rechnung entnommen wird – als erste Zahl, die durch verschiedene Berichtigungen angepasst wird und so den Cashflow aus dem laufenden Geschäft ergibt.

Betriebsgewinn – ist in der Gewinn-und-Verlust-Rechnung enthalten und wird auch manchmal als »Betriebsergebnis« bezeichnet. Es gibt hier jedoch kleine Unterschiede. Manchmal wird der Gewinn vor Steuern (auch »Earnings Before Interest and Tax« oder EBIT genannt) herangezogen. Darin können Posten enthalten sein, etwa der Gewinn aus dem Verkauf von Sachanlagen, die nicht direkt mit der Geschäftätigkeit des Unternehmens zusammenhängen. Solche Posten sind bei der Berechnung des Betriebsgewinns nach Möglichkeit auszuklammern.

Die Berechnung – die Theorie

Abbildung 25.1 zeigt die verschiedenen Zahlen, die dem Jahresabschluss zu entnehmen sind, und ihren Einsatz bei der Berechnung der Kennzahl.

Abbildung 25.1 Berechnung der Kennzahl »Cashflow aus dem laufenden Geschäft/Betriebsgewinn«

Universal Widgets gibt folgende Erläuterungen zu seiner Kapitalflussrechnung:

	£ Mio.
Betriebsgewinn	420
Außerordentliche Posten	−20
	400
Abschreibungen	300
(Zugänge)/Abgänge beim Lagerbestand	−25
(Zugänge)/Abgänge bei Forderungen	35
(Zugänge)/Abgänge bei Verbindlichkeiten	20
Zugänge bei Rückstellungen	5
Netto-Cashflow aus dem laufenden Geschäft	735
Cashflow aus dem laufenden Geschäft/Betriebsgewinn	**1,75**
(Rechenweg)	(735/420)

Abbildung 25.2 zeigt, wie die fett gedruckten Zahlen aus diesem Auszug aus dem Jahresabschluss von GUS zur »Unternehmenskennzahl« kombiniert werden.

Abbildung 25.2 Berechnung des Verhältnisses Cashflow aus dem laufenden Geschäft/Betriebsergebnis für Great Universal Stores auf der Basis des Jahresabschlusses 2000

Die Zahlen ...

Erläuterungen zur konsolidierten Cashflow-Rechnung
(S. 62 im veröffentlichten Jahresabschluss von GUS)

(a) Mittelzu-/-abfluss aus dem laufenden Geschäft	2000 £ Mio.	1999 £ Mio.
Betriebsgewinn	**420,7**	**538,0**
Außerordentliche Posten	0	−23,7
	420,7	513,4
Abschreibungen	299,4	270,0
(Anstieg)/Rückgang der Lagerbestände	−26,9	57,5
(Anstieg)/Rückgang der Forderungen	401,3	325,6
(Anstieg)/Rückgang der Verbindlichkeiten	52,5	−152,2
Anstieg der Rückstellungen für Verbindlichkeiten und Aufwendungen	0,6	25,2
Mittelzu-/-abfluss aus dem laufenden Geschäft	**1 147,6**	**1 040,4**

Die Berechnung ...

Cashflow aus dem laufenden Geschäft/Betriebsgewinn	**2,72**	**1,93**
(Rechenweg)	(1 147,6/420,7)	(1 040,4/538)

Beide Male wird der Nettozustrom an Zahlungsmitteln aus dem laufenden Geschäft durch den Betriebsgewinn vor außerordentlichen Posten geteilt.

Wie bei unserem vorangegangenen Beispiel ist die Berechnung im Falle von GUS ausgesprochen unproblematisch. Einzig kniffliger Punkt ist die Frage, ob die außerordentlichen Posten einzubeziehen sind oder nicht. Normalerweise bleiben sie unberücksichtigt, da sie jeden potenziellen Vergleich verzerren würden.

Das Beispiel zeigt, dass GUS nicht nur Abschreibungen in beträchtlicher Höhe vornimmt, sondern über die vergangenen zwei Jahre in der Lage war, zusätzliche Zahlungsmittel aus dem Geschäft zu gewinnen,

169

Cashflow aus laufendem Geschäft/ Betriebsgewinn

indem es sein Betriebskapital effizienter nutzte. Das Betriebskapital ist das Geld, das in Lagerbeständen und unbezahlten Rechnungen von Kunden gebunden ist, nachdem unbezahlte Lieferantenrechnungen abgezogen wurden. Durch die Reduzierung der Lagerbestände und die schnellere Realisierung von Forderungen an Kunden können Unternehmen zusätzlichen Cashflow generieren.

Die Bedeutung

In diesem Beispiel ist ausgesprochen folgerichtig dargestellt, wie sich aus Veränderungen beim Betriebskapital und bei der Höhe des Abschreibungsaufwands der Unterschied zwischen Betriebsgewinn und Cashflow aus dem laufenden Geschäft ergibt. Die Struktur des GUS-Abschlusses ist in dieser Hinsicht beispielhaft.

Das wird lange nicht bei allen Unternehmen so klar dargestellt. Daher ist stets darauf zu achten, dass man nie Äpfel mit Birnen vergleichen darf. Der Betriebsgewinn wird einfach um nicht zahlungswirksame Posten (Abschreibungen und Rückstellungen) bereinigt, die bei der Ermittlung des Betriebsgewinns abgezogen wurden. Daher sollten auch bei der Berechnung des Cashflows aus dem laufenden Geschäft Steuern, Zinsen, Dividenden und dergleichen mit einfließen, da diese Posten vom Betriebsgewinn nicht abgezogen wurden.

Das Faszinierende an dieser funktionstüchtigen Maßzahl für die Effizienz, mit der Gewinn in bare Münze umgesetzt wird, liegt in der Einfachheit ihrer Berechnung und darin, wie viel sie über die Effizienz des betreffenden Unternehmens verrät. Weil Abschreibungen und andere nicht zahlungswirksame Aufwendungen zurückaddiert werden, sollte der Cashflow aus dem laufenden Geschäft den Betriebsgewinn grundsätzlich übersteigen. Ist das nicht der Fall, spricht das für eine Verschlechterung bei den Betriebskapital-Kennzahlen.

Unternehmen mit Cashflow-Konversions-Verhältnissen unter 100 Prozent befinden sich auf einem absteigenden Ast, denn sie generieren weniger Bargeld, als ihre Gewinn-und-Verlust-Rechnung vermuten lässt. Umgekehrt gilt: Je höher das Verhältnis über 100 Prozent liegt, desto mehr Gewinne werden »versteckt« (vielleicht durch eine extrem konservative Abschreibungspraxis). Das spricht für das Potenzial des Unternehmens als Anlageobjekt.

Hinzu kommt, dass diese »Unternehmenskennzahl« im Gegensatz zur vorangegangenen für alle Arten von Unternehmen anwendbar ist. Es ist auch ratsam, das Verhältnis von Cashflow aus dem laufenden Geschäft und Betriebsgewinn über mehrere Jahre zu verfolgen, um sicherzustellen, dass die Zahlen beständig sind und nicht eine einmalige, nicht wiederholbare Verbesserung darstellen. Unterschiede zwischen verschiedenen Unternehmen zeigen gewöhnlich auf, wie konservativ das Management bei der Verbuchung von Abschreibungen und anderen nicht zahlungswirksamen Posten vorgeht und wie effizient das Betriebskapital eingesetzt wird.

4.4 Kurs-Cashflow-Verhältnis

Die Definition

Wie beim Kurs-Gewinn-Verhältnis vergleicht das *Verhältnis vom Kurs zum frei verfügbaren Cashflow*, englisch »Price to Free Cash Flow Ratio« (PCF), den Aktienkurs mit dem frei verfügbaren Cashflow pro Aktie. Manchmal wird der Cashflow ohne vorherigen Abzug der Ausgaben für Erhaltungsinvestitionen herangezogen.

Die Formel

Kurs/freier Cashflow = Aktienkurs/(freier   Cashflow/gewichteter   Durchschnitt der in Umlauf befindlichen Aktien)

Die Komponenten

Aktienkurs – ist der aktuelle Marktkurs der Aktien, gewöhnlich der Mittelkurs zum Börsenschluss des vorangegangenen Handelstages.

Freier Cashflow – Bei allen Berechnungen des Cashflows bleiben rein buchungstechnische Transaktionen unberücksichtigt. Es werden ausschließlich die Zu- und Abflüsse an Zahlungsmitteln des Unternehmens herangezogen. Folglich sind Abschreibungen, auch auf immateriellen Geschäftswert, einbehaltene Gewinne aus Minderheitsbeteiligungen und kapitalisierte Zinsen zu ignorieren. Streng genommen sind beim frei verfügbaren Cashflow auch solche Posten abzuziehen, deren Zahlung ein Unternehmen nicht vermeiden kann, wenn es im Geschäft bleiben will: Zinsen, Steuern und ausreichende Ausgaben zur Erhaltung seiner Sachanlagen.

Gewichteter Durchschnitt im Umlauf befindlicher Aktien – ist der zeitlich gewichtete Durchschnitt aller im Betrachtungsjahr in Umlauf befindlichen Aktien. Dabei sind alle Aktien einzubeziehen, die ausgegeben wurden und öffentlich gehandelt werden. Eventuelle Aktiensplits sind ebenfalls zu berücksichtigen. Die Berechnung des gewichteten Durchschnitts erfolgt gewöhnlich auf Monatsbasis. So würde etwa ein Anstieg der Zahl in Umlauf befindlicher Aktien im achten Monat des Jahres bei der Berechnung mit 4/12 gewichtet (weil noch vier Monate des Jahres verbleiben), die ursprüngliche Zahl der ausgegebenen Aktien zu Jahresbeginn dagegen mit 8/12.

Wo finde ich die nötigen Daten?

Aktienkurs – in jeder beliebigen Tageszeitung oder Finanz-Website.

Freier Cashflow – Die meisten Bestandteile, die den frei verfügbaren Cashflow bilden (Cashflow aus dem laufenden Geschäft, gezahlte Zinsen und Steuern), sind der Cashflow-Rechnung zu entnehmen. Verwechseln Sie jedoch nicht den Cashflow aus dem laufenden Geschäft mit dem Betriebsgewinn. Cashflow-Tabellen beginnen oft mit dem Betriebsgewinn an erster Stelle, der nach verschiedenen Berichtigungen den Cashflow aus dem laufenden Geschäft ergibt.

Die Investitionsausgaben finden Sie in der Cashflow-Rechnung oder in den zugehörigen Erläuterungen unter dem Stichwort »Netto-Mittelabfluss für Investitionsaufwendungen, Kauf von Sachanlagen, Geld- und Kapitalanlagen« oder ähnlichen Begriffen. Zahlungen für Übernahmen (gewöhnlich bezeichnet als »Kauf von Tochtergesellschaften« oder ähnlich) sowie verdächtig große Einmalposten können ignoriert werden. Für den Erhaltungsaufwand werden generell zwei Drittel des gesamten Investitionsaufwandes angesetzt.

Gewichteter Durchschnitt in Umlauf befindlicher Aktien – ist normalerweise in einer Erläuterung zum Jahresabschluss mit Bezug auf die Berechnung des Ertrags pro Aktie angegeben. Der Ertrag pro Aktie wird häufig für Anleger berechnet und am Ende der Gewinn-und-Verlust-Rechnung ausgewiesen. Die entsprechende Erläuterung gibt gewöhnlich an, welcher gewichtete Durchschnitt für diese Berechnung verwendet wurde. Der für die Berechnung des Ertrags pro Aktie ermittelte gewichtete Durchschnitt kann zur Berechnung des frei verfügbaren Cashflows je Aktie herangezogen werden.

Die Berechnung – die Theorie

Abbildung 26.1 zeigt die verschiedenen Zahlen, die dem Jahresabschluss zu entnehmen sind, und ihren Einsatz bei der Berechnung der Kennzahl.

Universal Widgets Inc. weist in seiner Kapitalflussrechnung und Gewinn-und-Verlust-Rechnung folgende Posten aus:

	$ Mio.
Cashflow aus dem laufenden Geschäft	100
Abschreibungen	20
Abschreibungen auf den immateriellen Geschäftswert	25
Gezahlte Zinsen	−15
Gezahlte Steuern	−22
Käufe von Sachanlagen	−17
Verkäufe von Sachanlagen	2
Frei verfügbarer Cashflow vor Investitionen	63
(Rechenweg)	(100 − 15 − 22)
Ausgaben für Erhaltungsinvestitionen	−10
(Rechenweg)	(in etwa) zwei Drittel von (− 17 + 2)
Frei verfügbarer Cashflow	53
Gewichteter Durchschnitt der Aktien in Umlauf	10 Mio.
Aktienkurs	$50
Freier Cashflow pro Aktie	$5,30
(Rechenweg)	(53/10)
Kurs/Cashflow pro Aktie	**9,4**
(Rechenweg)	(50/5,30)

Abbildung 26.2 zeigt, wie die fett gedruckten Zahlen aus diesem Auszug aus dem Jahresabschluss von BP zur »Kennzahl« kombiniert werden.

Abbildung 26.2 Berechnung des Verhältnisses zwischen Kurs und freiem Cashflow pro Aktie für BP auf der Basis des Jahresabschlusses 1999

Die Zahlen ...

Kurzfassung der Konzern-Cashflow-Rechnung für das Jahr bis zum 31. Dezember (S. 32 im veröffentlichten Jahresabschluss von BP)	1999	$ Mio. 1998
Mittelzu-/-abfluss aus laufender Geschäftstätigkeit	10 290	9 586
Dividenden aus Joint Ventures	949	544
Dividenden aus verbundenen Unternehmen	219	422
Mittelzu-/-abfluss aus Schuldendienst etc.	−1 003	−825
Gezahlte Steuern	−1 260	−1 705
Mittelabfluss für Investitionen etc.	−5 385	−7 298
Mittelzu-/-abfluss aus Übernahmen und Veräußerungen	243	778
Auf Aktien ausgezahlte Dividenden	−4 135	−2 408
Mittelzu-/-abfluss	−82	−906
Gewichteter Durchschnitt der Aktien in Umlauf (Mio.)	19 396	19 577

Ist in der Kurzfassung des Jahresabschlusses nicht ausgewiesen, wurde hergeleitet durch Teilen des auf die Aktionäre entfallenden Gewinns durch den Ertrag pro Aktie.

Aktienkurs in 2002	**600 Pence**	

Die Berechnungen ...

Freier Cashflow vor Investitionen (Rechenweg)	**9 195**	**8 022**
$(10\,290 + 949 + 219 - 1\,003 - 1\,260)$	$(9\,586 + 544 + 422 - 825 - 1\,705)$	

Hierbei handelt es sich um den Cashflow aus der laufenden Geschäftstätigkeit zuzüglich der Dividenden aus verbundenen Unternehmen und Joint Ventures abzüglich gezahlter Zinsen und Steuern.

Ausgaben für Erhaltungsinvestitionen (Rechenweg)	−3 608	−4 890
	$(-5\,385 \times 0{,}67)$	$(-7\,298 \times 0{,}67)$

Sie werden auf zwei Drittel der gesamten Investitionsausgaben geschätzt.

Freier Cashflow	**5 587**	**3 132**
(Rechenweg)	(9 195 – 3 608)	(8 022 – 4 890)

Diese Zahl entspricht dem frei verfügbaren Cashflow vor Investitionen abzüglich dem geschätzten Erhaltungsaufwand.

Freier Cashflow pro Aktie	**28,8 Pence**	**16,0 Pence**
(Rechenweg)	(5 587/19 396)	(3 132/19 577)

Das ist der freie Cashflow, geteilt durch den gewichteten Durchschnitt der Aktien in Umlauf.

Kurs-Cashflow-Verhältnis	**20,8**
(Rechenweg)	(600/28,8)

Dabei handelt es sich um den Kurs, geteilt durch den freien Cashflow pro Aktie.

Hier werden zur Berechnung des Cashflows pro Aktie die im Kapitel »Freier Cashflow« eingeführten Zahlen herangezogen und durch Einbezug des gewichteten Durchschnitts der in Umlauf befindlichen Aktien einen Schritt weiter geführt. Im Anschluss wird der Aktienkurs von 600 Pence durch das Ergebnis geteilt.

Einziger kleiner Fallstrick ist hier die Schätzung des gewichteten Durchschnitts der im fraglichen Jahr im Umlauf befindlichen Aktien für BP. Er wird in der verwendeten Kurzfassung des Jahresabschlusses nicht explizit ausgewiesen.

Er ist jedoch zu ermitteln, indem man den auf die Aktionäre entfallenden Gewinn durch den Ertrag pro Aktie teilt. Man benutzt quasi zwei der üblichen Bestandteile des Ertrags pro Aktie, um den dritten, fehlenden Bestandteil zu errechnen.

Die Bedeutung

Wie das Kurs-Gewinn-Verhältnis (KGV) ist auch das Kurs-Cashflow-Verhältnis (KCV) eine Schlüsselkennzahl für Analysten wie Investoren. Man kann es zum Beispiel auffassen als die Anzahl von Jahren, die bei gegebenem Jahres-Cashflow benötigt wird, um Cashflows in einem Maß zu generieren, das ausreicht, um den Aktienkurs hereinzuholen. Das ist jedoch eine fiktive Rechnung, denn schließlich fließt der Cashflow nicht komplett an die Aktionäre.

Wie beim KGV ist auch bei dieser Kennzahl der wesentliche Aspekt, dass man damit Unternehmen ungeachtet ihrer Größe vergleichen kann, sie sozusagen auf eine gemeinsame Währung reduziert. Das ist wichtig, weil es uns zum Beispiel ermöglicht, die Börsenbewertung eines einzelnen Unternehmens mit derjenigen seiner Konkurrenten und des gesamten Marktes zu vergleichen.

Häufig werden zur Berechnung des Kurs-Cashflow-Verhältnisses prognostizierte (also zukünftige) Cashflows herangezogen. Zwar findet die Kennzahl nicht so viel Beachtung wie Erträge oder Umsatzerlöse, doch der Markt legt schon einen gewissen Wert auf diese Prognosen. Wie wir bereits an anderer Stelle angemerkt haben, liegt ein Grund für die dicken Gehälter der Börsenanalysten in den ihnen unterstellten prognostischen Fähigkeiten. Das Zusammenspiel verschiedener Faktoren macht den Cashflow pro Aktie jedoch schlechter berechenbar als den Ertrag pro Aktie. Auch das Wachstum des Cashflows kann sprunghafter verlaufen als das der Erträge – aus Gründen, die außerhalb des Einflussbereichs des Unternehmens liegen.

Der große Vorteil des freien Cashflows liegt jedoch darin, dass er einen objektiveren Maßstab für den Wert eines Unternehmens darstellt, der weniger leicht »manipuliert« oder »geschönt« werden kann. Veränderungen in der Rechnungslegungspraxis und nicht zuletzt auch die Fantasie der Analysten beim Frisieren von Ertragsberechnungen – je nachdem, was sie damit belegen möchten – führen dazu, dass der Cashflow pro Aktie immer mehr als zuverlässigeres Mittel gilt, um zu beurteilen, ob ein Unternehmen unter- oder überbewertet ist.

Wie aus dem Kapitel »Abgezinster Cashflow« zu ersehen sein wird, gibt es noch andere Möglichkeiten, den freien Cashflow einzusetzen, um den »angemessenen« Kurs für die Aktie eines Unternehmens zu ermitteln.

Teil 5
Unternehmenskennzahlen zu Risiko, Ertrag und Volatilität

Die sieben in diesem Teil des Buches angesprochenen »Unternehmenskennzahlen« befassen sich sämtlich mit den Wechselbeziehungen zwischen dem Wert einer Anlage, ihrem potenziellen Ertrag und den mit ihr verbundenen Risiken.

Wie wir bereits eingangs festgestellt haben, ist einer der größten Fehler beim Investieren die Verwechslung von Kurs und Wert. Der zweite große Fehler besteht darin, nur auf die Erträge zu schauen und darüber die Risiken beziehungsweise die potenzielle Volatilität der Anlage zu vergessen.

Nur weil eine Anlage üppige Erträge bringt, ist sie noch lange nicht wirklich lohnend. Diese Erträge werden unter Umständen erkauft, indem man sich unangemessen hohen Risiken aussetzt. Umgekehrt bedeutet das, dass auch eine Anlage mit geringeren Erträgen für bestimmte Anleger die richtige sein kann, wenn sie entsprechend risikoarm ist.

Diese Gedankengänge führen uns zum Konzept des »Diskontierens« oder »Abzinsens«. Das ist ein Mechanismus zur Einschätzung des gegenwärtigen Wertes eines Ertrages, der möglicherweise in ein paar Jahren realisiert wird. Die risikofreie Rendite, die aus öffentlich zugänglichen Informationen über die Renditen von Staatsanleihen abzuleiten ist, ist das Herzstück aller derartigen Konzepte.

Die auf den Folgeseiten dargestellten »magischen Zahlen« liefern Ihnen das nötige Handwerkszeug, um die folgenden Konzepte in den Griff zu bekommen:

- Die Rückzahlungsrenditen von Staatsanleihen werden allgemein als Grundlage zur Ermittlung der risikofreien Rendite verwendet (die in nachfolgenden Berechnungen eingesetzt wird) sowie als Maßstab für die Bonität.
- Der interne Zinsfuß bringt das zu verschiedenen Zeitpunkten und in verschiedenen Beträgen in eine Anlage investierte Geld mit den letztendlich erzielten Erlösen aus dem Verkauf der Anlage zusammen. Das Ergebnis wird als kumulierte Jahresrendite ausgedrückt.
- Der gewichtete Durchschnitt der Kapitalkosten ermittelt die Kosten der verschiedenen Kapitalarten eines Unternehmens (Eigenkapital und Fremd-

Unternehmenskennzahlen. Peter Temple.
Copyright © 2007 WILEY-VCH Verlag GmbH & Co. KGaA, Weinheim
ISBN 978-3-527-50298-1

kapital) in Bezug auf ihre »Opportunitätskosten« und relativen Risiken. Danach lässt sich beurteilen, ob die von dem Unternehmen erwirtschafteten Erträge angemessen sind.

- Die Rendite auf den reinvestierten Eigenkapitalertrag prognostiziert auf der Grundlage der Eigenkapitalrendite und des einbehaltenen Gewinnanteils den zukünftigen Wert des Unternehmens. Ein Vergleich dieser Zahl mit dem aktuellen Marktwert gibt Aufschluss darüber, ob die Aktien billig oder teuer sind.

- Das Gegenstück dazu ist der abgezinste Cashflow. Er prognostiziert einen zukünftigen Strom an Zahlungsmitteln, der dann von einem Jahr aufs andere bis in die Gegenwart zurückgerechnet wird. Die Summe der ermittelten Zahlen wird schließlich dem aktuellen Wert des Unternehmens gegenübergestellt.

- Die Volatilität zeigt auf, inwieweit der Kurs einer Anlage (Aktie, Anleihe, Fonds) von seinem langfristigen Durchschnitt abweicht. Sie wird oft als Platzhalter für das relative Risiko gewertet, das mit einer im Portfolio befindlichen Anlage verbunden ist.

- Die Sharpe Ratio ist eine Methode, die Erträge einer Anlage um die risikofreie Rendite und die Volatilität des Anlageinstruments zu berichtigen.

Diese »Unternehmenskennzahlen« stellen die eher esoterischen Ansatzpunkte zur Bewertung einer Anlage dar. Dennoch sind sie für Investoren von größtem Nutzen. Jede hat ihre eigene Bedeutung und kann je nach Typ der zu bewertenden Anlage stärker oder schwächer gewichtet werden.

Die Rückzahlungsrenditen werden gemeinhin als Methode zur Einschätzung der relativen Vorteile von Anleihen eingesetzt, zur Prognose von Zinsveränderungen und zur Ermittlung der relativen Ausfallrisiken verschiedener Emittenten.

Der interne Zinsfuß wird oft eingesetzt, um Anlagen in nicht börsennotierte Unternehmen zu bewerten.

Der gewichtete Durchschnitt der Kapitalkosten findet in der Unternehmenswertanalyse Anwendung. Auch die Aktien-Risikoprämie spielt eine Rolle bei der Berechnung des diskontierten Cashflows.

Die Rendite des wieder angelegten Eigenkapitalertrags wird gewöhnlich herangezogen zum Vergleich von hoch rentierlichen Wachstumsunternehmen. Sie dient zur Prüfung der Angemessenheit hochfliegender Börsenbewertungen.

Der diskontierte Cashflow dient der Bewertung von Unternehmen, die einen einigermaßen regelmäßigen, berechenbaren Cashflow-Zuwachs aufweisen. Oft gibt er Hinweise darauf, ob ein Unternehmen unerwartet unterbewertet ist.

Die Volatilität wird besonders häufig bei der Preisbestimmung von Aktien- und Indexoptionen eingesetzt und bildet eine Komponente der Sharpe Ratio.

Die Sharpe Ratio schließlich wird gern verwendet, um die relativen Vorteile von Hedgefonds und ihren Anlagestilen einzuschätzen. Sie kann jedoch auch zum Vergleich der Wertentwicklung von Aktien und Indizes herangezogen werden.

Lesen Sie weiter, um mehr über diese letzten sieben »magischen Zahlen« zu erfahren ...

5.1 Rückzahlungsrendite/risikofreie Rendite

Die Definition

Die *Rückzahlungsrendite* oder Effektivverzinsung, englisch auch »Yield To Maturity« (oder schlicht YTM), ist ein Begriff, der sich meist auf Anleihen bezieht, jedoch auch bei der Anlage in Aktien eingesetzt werden kann.

Die Rückzahlungsrendite hat drei Komponenten: (1) die Umlaufrendite einer Anleihe; (2) Zinseszins, der anfällt, wenn Zinsen fortlaufend wieder angelegt und zusammen mit dem Kapital weiterverzinst werden; und (3) der jährliche Kapitalgewinn oder -verlust, der entstünde, wenn die Anleihe bis zur Fälligkeit gehalten und zum Nennwert zurückgezahlt würde.

Die Formel

Rückzahlungsrendite = laufende Rendite + »Zinseszins« + Gewinn oder Verlust bei Fälligkeit

Die Komponenten

Verzinsung – ist der auf der Anleihe ausgewiesene Zinssatz. Anleihen werden gewöhnlich so oder ähnlich beschrieben: »fünfprozentige Staatsanleihe mit Laufzeit bis 2004«. Die Verzinsung dieser Anleihe beträgt 5 Prozent.

Nettokurs – der aktuelle Kurs der Anleihe. Der Nennwert liegt normalerweise bei 100 Prozent und die Notierung von Anleihen erfolgt gewöhnlich als Prozentsatz in Relation zu dieser Zahl. Eine Anleihe, die unter Nennwert notiert, hätte vielleicht einen Kurs von 95 (also 95 Prozent). Das Prozentzeichen wird dabei meist weggelassen.

Der Marktkurs wird ohne die seit dem letzten Zinstermin aufgelaufenen Zinsen angegeben. Diese werden jedoch dem Abschlusskurs für Käufer/Verkäufer entsprechend zugeschlagen oder abgezogen. Zur Berechnung dieser Stückzinsen existieren verschiedene Gepflogenheiten. Der Aufschlag, der in dem vom Käufer gezahlten Preis enthalten ist, soll den Verkäufer für den Verzicht auf seine Rechte auf den entsprechenden Anteil an der nächsten Zinszahlung entschädigen.

Zinseszins – Wurden die bei einer Anleihe regelmäßig anfallenden Zinszahlungen wieder angelegt, so gäbe es auch Zinserträge auf die reinvestierten Beträge. In der Praxis gelten solche Konditionen nur im Kreis von professionellen Investoren, die im großen Stil in Anleihen investieren. Dennoch kann die Zinseszinskomponente bei der Rückzahlungsrendite einer lang laufenden Anleihe deutlich ins Gewicht fallen.

Umlaufrendite – der Nennwert der Anleihe, ausgedrückt in Prozent vom Marktkurs. Wird die Anleihe über ihrem Nennwert gehandelt, so liegt die Umlaufrendite unter der nominellen Verzinsung und umgekehrt.

Fälligkeitstermin und Nennwert – Von einer Anleihe mit einer Restlaufzeit von vier Jahren, die gegenwärtig zu 95 gehandelt wird und einen Nennwert (beziehungsweise einen Rückzahlungswert) von 100 hat, könnte man erwarten, dass ihr Wert von heute ab bis zur Fälligkeit jährlich um 1,25 Prozent steigt.

Wo finde ich die nötigen Daten?

Verzinsung, Laufzeit und Nettokurs – All diese drei Anleihenmerkmale werden normalerweise in Tageszeitungen und Finanz-Websites erwähnt. Zu überprüfen wären der exakte Monat und Tag der Rückzahlung sowie die Häufigkeit der Zinszahlungen.

Umlaufrendite – wird berechnet durch Angabe der Verzinsung als Prozentsatz des Kurses. Bei einem Anleihezinssatz von 5 Prozent und einem Kurs von 95 betrüge die Umlaufrendite 5,263 Prozent (5 x 100/95). In Zeitungen werden Informationen zur Umlaufrendite gewöhnlich neben den Daten zur Rückzahlungsrendite abgedruckt.

Die Berechnung – die Theorie

Abbildung 27.1 zeigt die Berechnung der Rückzahlungsrendite an einem fiktiven Beispiel. Da es sich hier um eine komplexe Berechnung handelt, wird zur Ermittlung der Rückzahlungsrendite entweder ein Finanzrechner oder ein spezielles Tabellenbuch verwendet, in dem man unter der entsprechenden Laufzeit und Verzinsung bei einem gegebenen Kurs nachsieht. Finanzrechner verfügen mittlerweile über eine Funktion zur Berechnung von Rückzahlungsrenditen.

Abbildung 27.1 Berechnung der Kennzahl »Rückzahlungsrendite«

Eine Regierungsanleihe hat:

Verzinsung ⎯⎯⎯⎯⎯⎯⎯⎯⎯⎯⎯⎯⎯⎯⎯⎯⎯⎯⎯ 5,00 %

Abschlusstag ⎯⎯⎯⎯⎯⎯⎯⎯⎯⎯⎯⎯⎯⎯⎯⎯ 15. April 1999

Rückzahlungstermin zu 100 am ⎯⎯⎯⎯⎯⎯⎯⎯ 3. September 2000

Kurs ⎯⎯⎯⎯⎯⎯⎯⎯⎯⎯⎯⎯ 96,84 plus Stückzinsen von 0,58

Der BAII-plus-Rechner von Texas Instruments ermittelt eine

Rückzahlungsrendite von ⎯⎯⎯⎯⎯⎯⎯⎯⎯⎯⎯⎯⎯⎯ **7,44 %**

Mit anderen Worten: Die aktuelle Umlaufrendite von 5,16 % wird ergänzt durch einen Kursgewinn von 97,42 (Nettokurs plus Stückzinsen) auf 100 über einen Zeitraum von rund 16,5 Monaten.

Abbildung 27.2 zeigt, wie die Zahlen zur britischen Regierungsanleihe zur »Kennzahl« kombiniert werden.

Abbildung 27.2 Berechnung der Rückzahlungsrendite für eine 5-prozentige Staatsanleihe mit Fälligkeit 2004

Die Zahlen ...

Dieses britische Staatspapier lautet auf britische Pfund und hat:

Verzinsung	5 %
Zinstermine	7. Juni und 7. Dezember
Fälligkeit	7. Juni 2004
Fällig zum Kurs von	100
Nettokurs	100,37
Aufgelaufene Stückzinsen für 22 Tage	0,3
Ausführungstermin	20. Dezember 2000
Abrechnungstermin	28. Dezember 2000

Die Berechnungen ...

Online werden verschiedene gute Anleiherechner angeboten, die die Aufgaben eines herkömmlichen Finanzrechners einwandfrei erfüllen. Das Monitorbild zeigt ein gutes Beispiel und ist online unter *www.calculatorweb.com* aufzurufen.

Einen Link zu dieser Seite finden Sie unter *www.magicnumbersbook.com*.

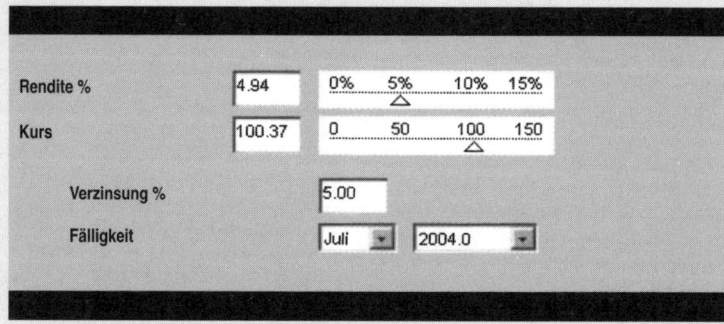

Wenn Sie Ihre gewünschten Werte einstellen, können Sie die Veränderungen von Kurs und Rendite dynamisch vergleichen.

Wie Sie sehen, ergibt sich hier eine Rückzahlungsrendite, die ähnlich, doch nicht gleich groß ausfällt wie die Umlaufrendite. Das liegt daran, dass der Kurs nahe am Nennwert von 100 liegt.

In der Praxis sind Rückzahlungsrenditen für Anleihen (stets brutto – also vor Abzug irgendwelcher Steuern auf Dividenden oder Kapital) aus Finanzzeitungen oder Finanz-Websites zu entnehmen. Dabei sollte man sich jedoch unbedingt der Natur der Bestandteile bewusst sein, aus denen diese Rendite gebildet wird. Da Erträge und Vermögen in manchen Märkten unterschiedlich besteuert werden, bietet ein bestimmter Anleihetyp womöglich auch bei gleicher Bruttorückzahlungsrendite aus steuerlichen Gründen Vorteile.

Die Bedeutung

Anleiherenditen bilden die Grundlage für viele andere Finanzberechnungen. Die Berechnung der Effektivverzinsung von Regierungsanleihen hat drei hauptsächliche Einsatzgebiete:

(1) *Als Indikatoren für die konjunkturelle Stabilität.* Anleihen mit kürzeren Restlaufzeiten weisen niedrigere Renditen auf als solche, deren Rückzahlungstermine weiter in der Zukunft liegen. Das liegt daran, dass Investoren ihr Geld lieber sofort oder möglichst bald haben und nicht gern lange darauf warten wollen. Diese Beziehung zwischen den Renditen auf Anleihen mit verschiedenen Rückzahlungsterminen wird als »Zinsstrukturkurve« bezeichnet. Zu bestimmten Zeiten (wie 2001 in Großbritannien der Fall) führt die Zinsstrukturkurve nicht von links unten nach rechts oben, sondern neigt sich entgegengesetzt. Dann liegen die kurzfristigen Sätze über den langfristigen. Das wird gewöhnlich als Signal für eine bevorstehende Rezession betrachtet.

(2) *Als Maßstab für die risikofreie Rendite.* Das Risiko, dass eine der Regierungen der G7-Staaten zahlungssäumig werden könnte, ist höchst gering. Wer in ihre Anleihen investiert, dem ist die Rückzahlung des Anlagekapitals – zum Nennwert – bei Fälligkeit praktisch garantiert. Die Rückzahlungsrendite ist daher ein Indikator dafür, was der Markt als risikofreie Jahresrendite für den entsprechenden Zeitraum betrachtet. Auf dieses Konzept wird gern zurückgegriffen, um einen Satz zur Abzinsung zukünftiger Gewinne, Dividenden und Cashflows zu ermitteln.

(3) *Als Maßstab für die Bonität.* Emissionen des US-Schatzamtes werden üblicherweise als Benchmark, das heißt als Vergleichsmaßstab für alle übrigen Anleihen, herangezogen. Die Unterschiede zwischen den Renditen von Anleihen gleicher Laufzeit werden als »Spread« bezeichnet (als »Spanne« also, oder auch als »Basis«) und gewöhnlich in Basispunkten gemessen. Ein

Rückzahlungsrendite/
risikofreie Rendite

Basispunkt (»Bp«) entspricht dabei dem hundertsten Teil von 1 Prozent. Eine Anleihe mit einer Rendite von 7 Prozent hätte also einen Spread von 200 Basispunkten, wenn das entsprechende US-Schatzpapier zu 5 Prozent rentierte.

Mithilfe solcher Spreads können die Investoren eine vom Markt bestimmte Rangordnung in die Anleihen bringen. Wo eine Anleihe in dieser Rangordnung rangiert, wird von verschiedenen Faktoren bestimmt: von der Wahrnehmung des Ausfallrisikos, von der Währung, auf die die Anleihe lautet, und von deren Zukunftsaussichten (prognostizierte Stärke könnte die Attraktivität einer Anleihe erhöhen und so zu einer Verringerung des Spreads führen); und von der zu erwartenden Inflationsrate im betreffenden Land – die die zweite Seite ein und derselben Medaille darstellt.

Auch wenn in diesem Zusammenhang immer wieder von risikofreien Sätzen die Rede ist, sollten die Anleger aber nicht zu der irrtümlichen Ansicht verleitet werden, Anleihen seien von Haus aus frei von Risiken. Die Anleihenkurse bewegen sich gegenläufig zu den Zinsen auf und ab, denn Letztere wirken sich auf Renditeerwartungen und so auf die Kurse aus.

Desgleichen gilt: Weil die Rendite einer Anleihe, die bis zur Fälligkeit gehalten wird, feststeht und vorhersehbar ist, ist die Inflation ihr größter Feind. Anleihen entwickeln sich dann am besten, wenn die Aussichten für die Unternehmensgewinne und damit für Aktien schlechter werden und wenn es zu deflationärem Druck kommt. Unter solchen Umständen fallen die Zinsen der Banken auf ein niedriges Niveau, und Anleihen sind die ideale Anlageform.

5.2 Interner Zinsfuß

Die Definition

Mit der Methode des *internen Zinsfußes,* englisch »Internal Rate of Return« (IRR), wird die aufs Jahr berechnete Effektivrendite ermittelt, insbesondere wenn verschiedene Variablen mit hineinspielen.

Bei Anleihen ist die Rückzahlungsrendite gleichzeitig ein interner Zinsfuß. Bei ihr werden Variable berücksichtigt wie regelmäßige Zinszahlungen, Kaufkurs, Restlaufzeit und Kurs bei Rückzahlung (siehe Unternehmenskennzahl »Rückzahlrendite/risikofreie Rendite«).

Normalerweise wird der interne Zinsfuß jedoch verwendet, um die Rendite zu errechnen, die benötigt wird, damit der Erlös aus dem Verkauf einer Anlage (insbesondere einer solchen, die in Raten bezahlt wird oder regelmäßige Erträge generiert) ihren Anschaffungskosten entspricht.

In seiner einfachsten Form, wenn nämlich nur ein einziger Kauf und ein einziger Verkauf erfolgen und dazwischen keine Erträge anfallen, entspricht der interne Zinsfuß der kumulierten Jahresrendite, die sich aus der Differenz von Kauf- und Verkaufspreis errechnet.

Die Formel und ihre Komponenten

In ihrer einfachsten Form beinhaltet die Formel für den internen Zinsfuß eine Berechnung kumulativer Zuwächse, die mithilfe von Zinseszinstabellen oder auch mit einem Finanzrechner durchgeführt werden kann. Gestaltet sich die Berechnung komplexer, etwa durch Anlage in unregelmäßigen Zeitabständen, regelmäßige Erträge und unregelmäßige Verkaufserlöse (oder jede mögliche Kombination dieser Umstände), so braucht man für die Berechnung eine Spezialtabelle oder ein Computerprogramm.

Die benötigten Informationen sind in diesem Fall, wann wie viel Geld angelegt wurde, wann und in welcher Höhe über die gesamte Laufzeit der Anlage Erträge ausbezahlt wurden und wann und in welcher Höhe Erlöse aus dem Verkauf erzielt wurden. Beim Einsatz von Zinsfußrechnern ist bei den

Eingaben auf die korrekten Vorzeichen zu achten (Anlagen haben gewöhnlich ein negatives Vorzeichen, Erträge und Verkaufserlöse ein positives). Andernfalls erhalten Sie ein falsches Ergebnis.

Wo finde ich die nötigen Daten?

Einen einfachen Online-Rechner für den Zinsfuß, der die oben beschriebenen Prinzipien verdeutlicht, finden Sie unter *www.jamesko.com/irr.asp*. Ein Link zu dieser Website befindet sich außerdem auf der Seite *www.magicnumbersbook.com*. Die Funktionsweise des Rechners erklärt sich im Zug seiner Verwendung von selbst. Eine flexiblere, komplexere Variante des Produktes ist käuflich zu erwerben.

Die Berechnung

Abbildung 28.1 zeigt eine Tabelle mit einer Matrix von Werten zum internen Zinsfuß für verschiedene Zeiträume und verschiedene Vielfache des ursprünglichen Anlagebetrags. Die Tabelle geht davon aus, dass es sich um eine Einmalanlage ohne Ertragsausschüttung bis zum einmaligen Verkauf handelt.

Abbildung 28.1 Berechnung des internen Zinsfußes ... A Ready Reckoner

Vielfaches des ursprünglichen Anlagebetrages/ Jahre	Interner Zinsfuß (%)								
	$2\times$	$2,5\times$	$3\times$	$3,5\times$	$4\times$	$5\times$	$6\times$	$8\times$	$10\times$
2	41	58	73	87	100	124	145	183	216
3	26	36	44	52	59	71	82	100	115
4	19	26	32	37	41	49	56	68	78
5	15	20	25	28	32	38	43	52	58
6	12	16	20	23	26	31	35	41	47
7	10	14	17	20	22	26	29	35	39
8	9	12	15	17	19	22	25	30	33
9	8	11	13	15	17	20	22	26	29
10	7	10	12	13	15	17	20	23	26

Beispiel: Eine Anlage, die über einen Zeitraum von vier Jahren das Dreifache des ursprünglichen Anlagebetrages bringen würde, hätte einen internen Zinsfuß von 32 Prozent.

Bei einer Anlage, die nach neun Jahren das Doppelte des ursprünglichen Betrages einbringen würde, läge der interne Zinsfuß bei 8 Prozent.

Die Tabelle kann auch unter *www.magicnumbersbook.com* heruntergeladen werden. Sie kann verwendet werden, um einen ungefähren internen Zinsfuß zu ermitteln. Eine genauere Berechnung ist mit dem oben beschriebenen Online-Rechner möglich. Abbildung 28.2 zeigt auf, welcher Unterschied hier besteht.

Abbildung 28.2 Berechnung des internen Zinsfußes für Universal Widgets

Sie haben in Universal Widgets Pte investiert und zahlen im ersten Jahr 12 Millionen Singapur-Dollar. Sie erhalten Dividendenzahlungen von 1 Million Singapur-Dollar im Jahr 3 und verkaufen die Anlage im Jahr 7 für 37 Millionen Singapur-Dollar.

Methode 1 – Einsatz des Ready Reckoner

Nehmen wir an, Sie haben eingangs 12 Millionen Singapur-Dollar investiert und im siebten Jahr 38 Millionen Singapur-Dollar (Erlöse plus Dividenden) erhalten.

Angaben des Ready Reckoner:

Die Anlage hatte eine Laufzeit von sechs Jahren (Jahr 1 bis Jahr 7).

Der Betrag, den Sie erhalten haben, entspricht dem 3,17fachen des Anlagebetrages (38/12).

Der interne Zinsfuß liegt daher *knapp über 20 Prozent*.

Methode 2 – Einsatz des Online Calculator

Das mit dieser Methode ermittelte Ergebnis können Sie dem folgenden Monitorbild entnehmen.

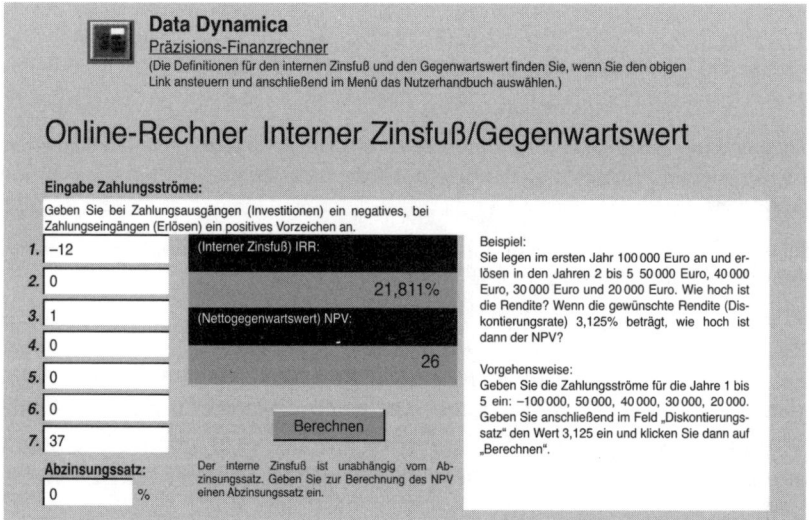

Es ergibt sich ein interner Zinsfuß von *21,81 Prozent*.

Die größere Genauigkeit der Berechnung mithilfe der Software ist offensichtlich, doch der Ready Reckoner liefert ebenfalls eine brauchbare Annäherung!

Die Bedeutung

Der interne Zinsfuß wird durchgängig von Wagniskapitalgebern berechnet, um den Wert einer Anlage zu beurteilen. Ausgehend von einem bestimmten geforderten Zinssatz, arbeiten sich Wagniskapitalgeber dann von einem berechneten realistischen »Ausstiegskurs« aus zurück. So bestimmen sie, ob der erforderliche Anlagebetrag gerechtfertigt erscheint oder nicht – unter Berücksichtigung verschiedener Ausgestaltungsvarianten der Transaktion.

Der interne Zinsfuß kann auch zur Berechnung der Rendite wieder angelegter Eigenkapitalerträge eingesetzt werden (siehe Kapitel »Rendite wieder angelegter Eigenkapitalerträge«), nämlich zur Ermittlung der mit einer Anlage verbundenen kumulierten Rendite.

Idealerweise ergibt die Berechnung des internen Zinsfußes, dass eine Rendite erwirtschaftet wird, die für die eingegangenen Risiken entschädigt – die also deutlich über dem Ertrag liegt, den eine risikofreie Anlage abwerfen würde.

5.3 Gewichtete durchschnittliche Kapitalkosten

Die Definition

Der *gewichtete Durchschnitt der Kapitalkosten,* englisch »Weighted Average Cost of Capital« (WACC) oder »Composite Cost of Capital«, wird gewöhnlich der tatsächlichen Kapitalrendite gegenübergestellt, die das Unternehmen erwirtschaftet hat. Daraus ergibt sich, wie viel zusätzlichen Wert das Management für die Aktionäre generiert hat (falls überhaupt).

Bei der Berechnung werden die Eigenkapitalkosten mit dem prozentualen Anteil »gewichtet«, den das Eigenkapital in der Kapitalstruktur darstellt. Die Fremdkapitalkosten werden ebenfalls mit dem entsprechenden Prozentsatz gewichtet. Daraus setzt sich dann die Gesamtzahl zusammen.

Die Berechnung der Eigenkapitalkosten ist nicht so unproblematisch, wie es vielleicht den Anschein hat. Es handelt sich dabei nicht, wie Sie sich möglicherweise vorstellen, einfach um eine Funktion etwa der Dividendenrendite auf die Aktien. Vielmehr sind es die Opportunitätskosten der Investition in die Aktien, bei denen die damit verbundenen Risiken berücksichtigt werden müssen.

Die Formel

Gewichteter Durchschnitt = Eigenkapitalkosten × (Marktkapitalisierung/
der Kapitalkosten   Unternehmenswert) + Fremdkapitalkosten
                                   × (Fremdkapital/Unternehmenswert)

Die Komponenten

Eigenkapitalkosten – sind, wie bereits erläutert, schwer zu berechnen, da sie von verschiedenen komplexen Variablen abhängen. Einfach ausgedrückt bestehen die Eigenkapitalkosten aus der risikofreien Rendite zuzüglich der »Aktien-Risikoprämie«, in der die mit den Aktien verbundenen »systematischen Risiken« berücksichtigt sind.

Risikofreie Rendite – ist üblicherweise die Effektivverzinsung einer erstklassigen Regierungsanleihe.

Aktien-Risikoprämie – ist der Betrag, um den die Aktienrendite üblicherweise langfristig die risikofreie Rendite übersteigt.

Systematische Risiken (auch »Beta« genannt) – die höhere oder niedrigere Volatilität der betreffenden Aktie im Vergleich zum Gesamtmarkt. Eine Aktie mit einem Beta von 1,2 legt bei ansonsten gleichen Bedingungen um 12 Prozent zu, wenn der Markt um 10 Prozent steigt. Fällt der Markt um 10 Prozent, verliert die Aktie 12 Prozent. Aktien mit einem Beta unter 1 werden als weniger risikoträchtig angesehen (in anderen Worten: weniger volatil) als solche mit einem Beta über 1. Daher ist hier auch eine niedrigere Aktien-Risikoprämie angezeigt. Statistisch wird Beta berechnet durch eine Regressionsanalyse der Bewegungen des Aktienkurses im Vergleich zum Markt.

Eigenkapitalkosten – werden stets als monetärer Wert berechnet.

Fremdkapitalkosten – entsprechen dem monetären Wert der Rückzahlungsrendite der Verbindlichkeiten des Unternehmens, denn dieser gibt an, wie der Markt das Fremdkapitalrisiko im Verhältnis zum risikofreien Bereich einschätzt.

Marktkapitalisierung – ist der Börsenwert des Unternehmens und wird berechnet durch Multiplikation der Gesamtzahl ausgegebener Aktien (oder Stammaktien) in Umlauf mit ihrem Kurs.

Unternehmenswert (Enterprise Value, kurz EV) – ist ein Maßstab, der die Marktkapitalisierung um alle Guthaben oder Schulden bereinigt, die das Unternehmen eventuell hat. Hat das Unternehmen mehr Schulden als Guthaben, so wird die Marktkapitalisierung um die Differenz zwischen den beiden Beträgen erhöht. Hat es mehr Guthaben als Schulden, so reduziert sich der Unternehmenswert um die Differenz.

Wo finde ich die nötigen Daten?

Eigenkapitalkosten – Zur langfristigen Aktien-Risikoprämie liegen verschiedene Studien vor. Mit am leichtesten zugänglich ist die »equity-gilt study«, die jedes Jahr von der Investmentbank Credit Suisse First Boston (CSFB) veröffentlicht wird. Darin wird das Phänomen über einen langen Zeitraum hinweg untersucht. Der Bericht kann unter *www.csfb.com* heruntergeladen werden. Auch Barclays Capital *(www.barcap.com)* gibt jedes Jahr einen ähnlichen Bericht heraus. Mehrheitlich wird die Aktien-Risikoprämie in den USA je nach gewähltem Zeitraum auf zwischen 4 und 7,5 Prozent geschätzt. In Großbritannien ist nach der CSFB-Studie ein Wert von 6,5 bis 8 Prozent anzusetzen.

Was das Beta für bestimmte Unternehmen angeht, so enthalten verschiedene Investment-Computerprogramme Schätzwerte dazu – und ebenso die von führenden Business Schools veröffentlichten Referenzunterlagen.

Fremdkapitalkosten – Für börsennotierte Schuldtitel werden sie auf der Basis der Rückzahlungsrendite des betreffenden Papiers ermittelt. Für alle sonstigen Fremdkapitalarten bieten die in der Cashflow-Rechnung ausgewiesenen gezahlten Zinsen (abzüglich des für börsennotierte Schuldtitel gezahlten Zinses, soweit die alternative Berechnung eingesetzt wird) den besten Näherungswert. Er stellt die Kosten als Prozentsatz des betreffenden Kapitalbetrages dar.

Unternehmenswert und Marktwert – siehe Kapitel »Marktkapitalisierung« und »Unternehmenswert«.

Die Berechnung

Abbildung 29.1 zeigt die Berechnung der Kennzahl an einem hypothetischen Beispiel.

Abbildung 29.1 Berechnung der Kennzahl »Gewichteter Durchschnitt der Kapitalkosten«

Universal Widgets Inc. weist folgende Merkmale auf (bei folgenden relevanten Marktparametern):

Risikofreie Rendite (30-jährige US-Schatzpapiere) _____ 5,43 %
Aktien-Risikoprämie _____ 4,10 %
Betafaktor _____ 1,4
Rückzahlungsrendite für Schuldtitel _____ 6,30 %
Fremdkapital _____ $200 Mio.
Marktkapitalisierung _____ $800 Mio.

Bereinigte Risikoprämie _____ **5,74 %**
(Rechenweg) _____ $(4,1 \times 1,4)$
Prozentualer Anteil der Eigenkapitalkosten _____ **11,17 %**
(Rechenweg) _____ $(5,43 \% + 5,74 \%)$
Absolute Eigenkapitalkosten _____ **$89,36 Mio.**
(Rechenweg) _____ $(11,17 \times 800)$
Absolute Fremdkapitalkosten _____ **$12,6 Mio.**
(Rechenweg) _____ $(6,3 \times 200)$
Gewichteter Durchschnitt der Kapitalkosten _____ **10,20 %**
(Rechenweg) _____ $(89,36 + 12,6) \times 100 / (800 + 200)$

Die Berechnungsschritte sind hieraus klar ersichtlich. Der Betafaktor von 1,4 erhöht die Aktien-Risikoprämie. Wird er der risikofreien Rendite zugeschlagen, so ergeben sich Opportunitätskosten für die Aktienanlage von rund 11,2 Prozent. Die Fremdkapitalkosten basieren auf der Rückzahlungsrendite, und die beiden Komponenten werden gemäß ihrem Anteil am gesamten Unternehmenswert gewichtet.

Da es so schwierig ist, die Aktien-Risikoprämie und das Beta für einzelne Aktien zu schätzen, haben wir für diese Kennzahl kein authentisches Beispiel angegeben.

Die Bedeutung

In Wirklichkeit sind die Berechnungen zweifellos weit komplizierter, als das Beispiel vermuten lässt. Schließlich sind auch Minderheitsbeteiligungen sowie etwaige Vorzugsaktien zu berücksichtigen und gegebenenfalls noch weitere Aspekte der Kapitalstruktur des betreffenden Unternehmens.

Die Bedeutung des gewichteten Durchschnitts der Kapitalkosten liegt jedoch weniger in seiner Berechnung als in seiner Anwendung.

Beim hypothetischen Beispiel von Universal Widgets ist klar, dass die Aktionäre mit einer anderen Anlage besser bedient sind, sofern das Unternehmen nicht eine Kapitalrendite nach Steuern von über 9 Prozent abwirft. Andernfalls würde das Management das ihm zur Verfügung gestellte Kapital so einsetzen, dass effektiv Wert für die Aktionäre vernichtet wird.

Die Berechnung hat ihre Haken und Ösen. Zunächst wird sie von den Annahmen zur Aktien-Risikoprämie beeinflusst. Der Betafaktor kann aus dem Muster der Kursbewegungen im Vergleich zu den Marktbewegungen einigermaßen genau ermittelt werden, doch die Aktien-Risikoprämie variiert von Markt zu Markt und auch im Lauf der Zeit.

Dennoch gibt es für die Berechnung der risikobereinigten Eigenkapitalkosten interessante Einsatzgebiete im Rahmen anderer Berechnungen – insbesondere wenn diese ein diskontierendes Element enthalten. Bei der Berechnung des abgezinsten Cashflows, mit der sich die Unternehmenskennzahl »Abgezinster Cashflow« befasst, besteht eine der vom Anwender festzulegenden Schlüsselvariablen in dem Satz, mit dem zukünftige Cashflows diskontiert werden. Hier kann optional die risikofreie Rendite eingesetzt werden oder aber eine um Beta und die Aktien-Risikoprämie bereinigte.

5.4 Abgezinster Cashflow

Die Definition

Die Berechnung des *abgezinsten (oder diskontierten) Cashflows,* englisch »Discounted Cash Flow« (DCF), stellt eine Methode zur Bewertung von Unternehmen durch die Prognose des künftigen Cashflows über mehrere Jahre dar. Dabei wird auf die für jedes Jahr ermittelten Zahlen ein Abzinsungsfaktor angewendet, der den bis zum Entstehen des Cashflows vergehenden Zeitraum reflektiert. Je weiter wir uns dabei in die Zukunft bewegen, desto höher fällt der Abzinsungsfaktor aus, der auf den Cashflow des entsprechenden Jahres angewandt wird. Zum Schluss werden die diskontierten Cashflows für die einzelnen Jahre addiert. Dann wird der Wert zugeschlagen, der erwartungsgemäß zusätzlich zur Summe der Cashflows anfallen wird. Diese Zahl wird schließlich dem Marktwert des Unternehmens gegenübergestellt.

Die Formel

Abgezinster Cashflow = freier Cashflow Jahr 1 × (Abzinsungsfaktor Jahr 1) ... etc. ... + freier Cashflow Jahr 10 × (Abzinsungsfaktor Jahr 10) + Gegenwartswert der »ewigen Rente«

Als Abzinsungsfaktor wird der für jedes Jahr anhand des gewählten Abzinsungssatzes ermittelte Wert herangezogen.

Die Komponenten

Frei verfügbarer Cashflow – ist der Betriebsgewinn, wobei rein buchungstechnische Transaktionen unberücksichtigt bleiben. Er umfasst lediglich die faktischen Mittelzu- und -abflüsse des Unternehmens und vernachlässigt Abschreibungen, auch auf den immateriellen Geschäftswert, einbehaltene

Gewinne aus Minderheitsbeteiligungen, kapitalisierte Zinsen und alle sonstigen Posten, die lediglich eine Folge der Rechnungslegungspraxis sind. Beim freien Cashflow werden auch solche Posten abgezogen, die das Unternehmen aufbringen muss, wenn es im Geschäft bleiben will: Zinsen, Steuern und ein angemessener Aufwand für die Erhaltung seiner Sachanlagen. Einzelheiten zu seiner Berechnung finden Sie im Kapitel »Freier Cashflow«.

Prognostiziertes Cashflow-Wachstum – Ausgehend vom freien Cashflow des letzten Berichtsjahrs muss nun für die nächsten zehn Jahre prognostiziert werden, wie sich diese Zahl mit jedem Jahr steigern wird. Alternativ kann dieses Wachstum einfach konservativ geschätzt werden. Wie Sie hier vorgehen, bleibt Ihnen überlassen.

Konstante Zuwachsrate – wird verwendet, um den Wert der nachhaltigen Cashflows über den Zehnjahreszeitraum hinaus zu berechnen. Hier würde man normalerweise eine niedrigere Zahl als den Abzinsungssatz zugrunde legen. Dabei kann man zum Beispiel gut von den Schätzungen zur langfristigen Inflationsrate ausgehen oder davon, dass die gegenwärtige Rate in absehbarer Zukunft gleich bleiben wird.

Abzinsungssatz – ist der Satz, mit dem zukünftige Cashflows diskontiert werden, wobei der Reihe nach die Cashflows für die kommenden Jahre um den Betrag (oder Abzinsungsfaktor) reduziert werden, der dem kumulierten Abzinsungssatz entspricht. Der Abzinsungsfaktor spiegelt zum einen die Neigung der Investoren wider, lieber früher als später an ihr Geld zu kommen, zum anderen die mit zukünftigen Zahlungsströmen verbundene größere Ungewissheit (sowie mögliche Reaktionen auf zukünftige Inflation).

Der Abzinsungssatz sollte mindestens der risikofreien Rendite für Zehnjahresgeld entsprechen – worin sich niederschlägt, dass Cashflows normalerweise für einen Zeitraum von bis zu zehn Jahren prognostiziert und diskontiert werden. Um auf Nummer sicher zu gehen, können Sie dem Abzinsungssatz noch eine Aktien-Risikoprämie zuschlagen. Die risikofreie Rendite finden Sie in dem Kapitel »Rückzahlungsrendite/risikofreie Rendite«, die Aktien-Risikoprämie unter »Gewichtete durchschnittliche Kapitalkosten« näher erläutert.

Wo finde ich die nötigen Daten?

Frei verfügbarer Cashflow – Den Cashflow aus dem laufenden Geschäft und alle Berichtigungen entnehmen Sie der Cashflow-Rechnung. Achten Sie darauf, dass Sie den Cashflow aus dem laufenden Geschäft nicht mit dem Betriebsgewinn verwechseln. Cashflow-Tabellen beginnen oft mit dem Betriebsgewinn an erster Stelle und zeigen auf, wie man durch verschiedene Berichtigungen zum Cashflow aus dem laufenden Geschäft gelangt. Näheres dazu finden Sie in dem Kapitel »Freier Cashflow«.

Prognostizierte Wachstumsraten und »konstante« Zuwachsrate – sind von Ihnen zu schätzen. Hier können historische Wachstumsraten als Anhaltspunkt dienen. Die konstante Zuwachsrate muss niedriger liegen als der Abzinsungssatz.

Abzinsungssatz – ist die risikofreie Rendite für Zehnjahresgeld, die, wie unter »Rückzahlungsrendite/risikofreie Rendite« näher erläutert, der Effektivverzinsung des für das fragliche Land als Benchmark geltenden Staatspapiers mit einer Laufzeit von zehn Jahren entspricht. Dem kann man eine Aktien-Risikoprämie zuschlagen. Die Daten zu Aktien-Risikoprämien sind dürftig. Der langfristige Durchschnitt für Großbritannien soll bei 5,2 Prozent liegen. Selbst für Aktien mit niedrigster Volatilität sollten Sie hier mindestens 3 Prozent ansetzen. Liegt die Rendite der zehnjährigen Anleihe bei, sagen wir, 4 Prozent und die eingesetzte Risikoprämie bei 5 Prozent, so beträgt der Abzinsungssatz folglich 9 Prozent (4 + 5).

Die Berechnung – die Theorie

Abbildung 30.1 zeigt, wie man sich die verschiedenen Zahlen aus Jahresabschlüssen und andere Quellen beschafft und daraus die Kennzahl berechnet. Glücklicherweise kann das Ganze mithilfe des Computers durchgeführt werden, indem man die Zahlen in eine recht einfache Tabelle einsetzt. Diese Tabelle kann unter *www.magicnumbersbook.com* heruntergeladen werden.

Abbildung 30.1 Berechnung der Kennzahl »Abgezinster Cashflow

Das Tabellenkalkulationsblatt für den diskontierten Cashflow der kleinen, doch rapide wachsenden Firma Widget Properties sieht folgendermaßen aus:

Prognostiziert für	2001	2002	2003	2004	2005	2006	2007	2008	2009	2010
Cashflow des Vorjahres	300	600	900	1 125	1 238	1 361	1 497	1 617	1 714	1 783
Wachstum %	*100,0 %*	*50,0 %*	*25,0 %*	*10,0 %*	*10,0 %*	*10,0 %*	*8,0 %*	*6,0 %*	*4,0 %*	*4,0 %*
Cashflow	600	900	1 125	1 238	1 361	1 497	1 617	1 714	1 783	1 854
Diskontierter Cashflow	555	770	890	906	921	937	936	918	883	849

Summe der diskontierten Cashflows	8 566
Cashflow pro Aktie über 10 Jahre	£ 0,33
Fortführungswert	
Cashflow im Jahr 10	1 854
Wachstumsrate im zweiten Stadium	*2,5 %*
Cashflow im Jahr 11	1 900
Kapitalisierung	5,6 %
Unternehmenswert am Ende von Jahr 10	33 814
Barwert des zukünftigen Cashflows	22 385
Aktien (in Tausend)	*25 975*
Barwert pro Aktie	**£ 0,86**

Annahmen und Hinweise

1. Der Basis-Cashflow wird berechnet als auf die Aktionäre entfallender Gewinn zuzüglich Abschreibungen und aufgeschobener Steuern abzüglich Ausgaben für Erhaltungsinvestitionen.

2. Als Abzinsungssatz wird die Rendite der Benchmark-Anleihe von 5,12 Prozent zuzüglich einer Risikoprämie von 3,0 Prozent herangezogen.

Unternehmenskennzahlen
zu Risiko, Ertrag
und Volatilität

Die so ermittelte Zahl unterscheidet sich geringfügig von der mithilfe der heruntergeladenen Tabelle berechneten. Die Tabellen-Datei enthält Bedienungsanweisungen. Achten Sie darauf, dass Sie in diese Tabelle weiter keine Vergangenheitsdaten außer jenen für das jüngst zurückliegende Jahr einzugeben brauchen.

Alternativ dazu können die in der Tabelle eingebauten Formeln ignoriert und der freie Cashflow separat berechnet und in das obere linke Feld der Prognosereihe eingegeben werden (wie in Abbildung 30.1 zu sehen). Dann geben Sie die prognostizierten Wachstumsraten für die Cashflows der nächsten zehn Jahre und für das »zweite Stadium« der Wachstumsphase ein.

Diese Zahlen können so konfiguriert werden, dass Annahmen zum unternehmenstypischen zeitlichen Ablauf des Wachstums oder Rückgangs berücksichtigt werden oder auch konjunkturzyklische Einflüsse. Des Weiteren sind die Zahl in Umlauf befindlicher Aktien einzugeben, der angemessene Abzinsungssatz und das Ende des laufenden Jahres. Alles Übrige berechnet das Modell. Jahresende und Abzinsungssatz verändern Sie mithilfe des »Entry«-Feldes der Tabellendatei.

Abbildung 30.2 zeigt, wie die fett gedruckten Zahlen aus dem Jahres-abschluss von NTT und verschiedene zusätzliche Annahmen zur »Kennzahl« kombiniert werden.

Abbildung 30.2 Berechnung des abgezinsten Cashflows für NTT

Prognose für	2001	2002	2003	2004	2005	2006	2007	2008	2009	2010
Cashflow im Vorjahr	1 621	1 702	1 787	1 877	1 970	2 069	2 172	2 281	2 395	2 515
Zuwachs %	*5,0 %*	*5,0 %*	*5,0 %*	*5,0 %*	*5,0 %*	*5,0 %*	*5,0 %*	*5,0 %*	*5,0 %*	*5,0 %*
Cashflow	1 702	1 787	1 877	1 970	2 069	2 172	2 281	2 395	2 515	2 640
Diskontierter Cashflow	1 596	1 571	1 547	1 523	1 499	1 476	1 453	1 431	1 409	1 387

Summe der diskontierten Cashflows	14 893
Cashflow pro Aktie für 10 Jahre	**0,94**
Fortführungswert	
Cashflow in Jahr 10	–
Wachstumsrate im zweiten Stadium	3 %
Cashflow in Jahr 11	–
Kapitalisierung	4 %
Unternehmenswert am Ende von Jahr 10	–
Barwert des zukünftigen Cashflows	8 601
Aktien (in Tausend)	15 835
Barwert pro Aktie	
(¥)	**543**

Annahmen und Hinweise

1. Der Basis-Cashflow wird berechnet als auf die Aktionäre entfallender Gewinn zuzüglich Abschreibungen und aufgeschobenen Steuern abzüglich Ausgaben für Erhaltungsinvestitionen.

2. Als Abzinsungssatz wird eine Benchmark-Anleihenrendite von 1,65 Prozent zuzüglich einer Risikoprämie von 5,0 Prozent angesetzt.

Auf der Basis der zugrunde gelegten Annahmen schreibt der diskontierte Cashflow von NTT den Aktien einen Wert von 543 000 Yen zu. Der verwendete Kurs der Aktien in 2002 lag bei 822 000 Yen.

Hier sind an verschiedenen Stellen unterschiedliche Annahmen möglich, insbesondere (in diesem Fall) beim angewandten Abzinsungssatz. Die risikofreie Rendite für japanische Aktien ist niedrig, da die japanischen Staatsanleihen geringe Renditen aufweisen – für die zehnjährige Anleihe zum Beispiel lediglich 1,65 Prozent. Außerdem ist vermutlich auch die Aktien-Risikoprämie bei NTT gering. Unter Umständen ist ein Abzinsungssatz von 6,65 Prozent also unangemessen konservativ.

Die Zahlen können auch anderweitig interpretiert werden. Geben Sie nach der Methode von Versuch-und-Irrtum einfach verschiedene Abzinsungssätze ins Modell ein. Durch Beobachtung der resultierenden Wirkungen auf den vom Modell generierten Barwert können Sie den Abzinsungssatz ermitteln, der die diskontierten Cashflows exakt gleichsetzt mit dem aktuellen Aktienkurs. Dann können Sie sich überlegen, ob das eine vernünftige Lösung darstellt. Im Fall von NTT liegt die Zahl in etwa bei 4,1 Prozent – was eine Risikoprämie von 2,45 Prozent einschlösse.

Die Bedeutung

Die Berechnung des abgezinsten Cashflows ist eine etablierte Methode, die ursprünglich zum Einsatz in Unternehmen bei der Einschätzung von Investitionsprojekten entwickelt wurde. In der Vergangenheit wurde sie von Finanzunternehmen zur Bestimmung des Wertes von Unternehmen angewandt, die potenzielle Übernahmekandidaten waren.

Diese Methode ist jedoch hinsichtlich der Einschätzung der zukünftigen Wachstumsraten recht subjektiv. Ihr großer Vorteil ist, dass hier Cashflow-Zahlen prognostiziert werden, nicht – wie es Analysten sonst gern tun – eine Reihe von Gewinnzahlen. Der Gewinn erzählt vielleicht nicht die ganze Geschichte.

Weniger subjektiv als eine Prognose auf der Grundlage von Annahmen zu wahrscheinlichen Kurs-Gewinn-Verhältnissen und Dividendenrenditen bestimmter Unternehmen ist die Verwendung der Marktrendite als Basis für Abzinsungsfaktoren. Die Kennzahl leistet ebenfalls gute Dienste beim unternehmensübergreifenden Bewertungsvergleich in relativ stabilen Sektoren (wie Brauereien, Lebensmitteleinzelhandel und Kaufhäusern), bei denen man getrost von ähnlichen Wachstumsraten ausgehen kann.

Das große Plus von DCF-Modellen ist, dass die Zahlen selbst und die zu ihrer Ermittlung getroffenen Annahmen aktualisiert werden können, wenn etwa ein neuer Jahresabschluss vorliegt oder sich die Anleiherenditen und somit die Abzinsungsfaktoren verändern oder weitere bis dato unbekannte Informationen ans Licht kommen.

Die hier eingesetzte Tabelle basiert auf den in Robert Hagstroms Buch *Warren Buffett. Sein Weg, seine Methode, seine Strategie* (Börsenbuchverlag, Kulmbach 1996) dargestellten Prinzipien. Sie wurde vom US-Investmentguru Bob Costa erarbeitet. Costas Website ist leider in einem größeren Konglomerat aufgegangen, doch eine Kopie der Tabelle ist unter *www.magicnumbersbook.com* erhältlich. Zur Bearbeitung benötigen Sie Microsoft Excel 5 oder eine höhere Version.

Der Einsatz von Cashflow-Abzinsungsmodellen ist ein guter Weg, sich einen Eindruck davon zu verschaffen, ob eine Aktie einen attraktiven Wert darstellt oder nicht. Aus offensichtlichen Gründen funktioniert diese Methode bei zyklischen Aktien, in konjunkturellen Aufwärtsphasen oder bei Unternehmen mit wenig berechenbaren Umsatzzuwachsmustern weniger gut.

Unternehmens-
kennzahlen
zu Risiko, Ertrag
und Volatilität

5.5 Rendite wieder angelegter Eigenkapitalerträge

Die Definition

Die *Rendite wieder angelegter Eigenkapitalerträge*, englisch »Reinvested Return on Equity« (ROE), ist der Versuch einer Projektion des Unternehmenswertes in die Zukunft auf der Grundlage der Eigenkapitalrendite, der Dividendendeckung und der risikofreien Rendite sowie des internen Zinsfußes. Um sicherzugehen, dass Sie die zugrunde liegenden Konzepte und ihre Berechnung auch wirklich begriffen haben, sollten Sie die angegebenen Kapitel ruhig noch einmal lesen.

Die Formel

Die Formel eignet sich ideal zur Anwendung von Tabellenkalkulation. Die Tabelle zur Rendite wieder angelegter Eigenkapitalerträge kann von der Website *www.magicnumbersbook.com* heruntergeladen werden.

Sie funktioniert folgendermaßen: Zunächst wird die durchschnittliche Eigenkapitalrendite berechnet und um den Anteil einbehaltener Gewinne berichtigt. Anhand dieser Zahl wird der Unternehmenswert im Jahr 5 berechnet – auf der Grundlage von Gewinnen, die aus dem beim Eigenkapital generierten Wachstum geschlussfolgert werden.

Auf den Gewinn von Jahr 5 wird dann eine Marktvielfache angewendet, um auf der Basis des Gewinns in Jahr 5 den Unternehmenswert im Jahr 5 zu ermitteln. Nach Einrechnung des Wertes der für diesen Zeitraum anfallenden Dividenden wird das Ergebnis mit der gegenwärtigen Marktkapitalisierung verglichen. Eine kumulierte Rendite wird berechnet, die beide Größen gleichsetzt. Damit die Anlage eine ausreichende Sicherheitsmarge aufweist, sollte diese Rendite mindestens 25 Prozent pro Jahr betragen.

Die Komponenten

Eigenkapitalrendite – ist der Gewinn nach Steuern, ausgedrückt als Prozentsatz des durchschnittlichen Aktienkapitals (einschließlich kumuliertem immateriellen Unternehmenswert). Die Eigenkapitalrentabilität eines Unternehmens ist ein Schlüsselmaßstab für seine Fähigkeit, auch zukünftig hohe Erträge erwirtschaften zu können.

Je höher die Rendite und je höher der zur Wiederanlage zurückbehaltene Prozentsatz, desto mehr Mittel werden eingesetzt, um diese Renditen in den Folgejahren zu realisieren, und desto größer ist der zukünftige innere Wert des Unternehmens.

Selbstfinanzierungsquote – wird ermittelt, indem man die Dividenden vom Gewinn nach Steuern abzieht und das Ergebnis durch den Gewinn nach Steuern teilt. Weist ein Unternehmen einen Ertrag pro Aktie von 10 Pence aus und zahlt 2,5 Pence Dividende, so behält es 7,5 Pence ein (10,0 − 2,5). Die Selbstfinanzierungsquote liegt demnach bei 75 Prozent.

Kapitalisierungsfaktor – der Faktor, mit dem der prognostizierte Gewinn für das Jahr 5 multipliziert wird, um den prognostizierten Unternehmenswert für dieses Jahr zu ermitteln. Der Faktor kann anhand einer Art Benchmark-Rendite bestimmt werden (dann wäre der Kapitalisierungsfaktor einfach der reziproke Wert der Rendite) oder er kann auf anderer Grundlage ausgewählt werden, etwa anhand des aktuellen Kurs-Gewinn-Verhältnisses oder eines Sektor- oder Marktfaktors.

Wird ein Maßstab auf Renditebasis verwendet, so sind hier bevorzugt die risikofreie Rendite (also die Rückzahlungsrendite einer fünfjährigen Benchmark-Regierungsanleihe etwa) oder die risikobereinigte Rendite heranzuziehen, die zum Beispiel durch Berichtigung dieser Rendite um die Volatilität der Aktie im Vergleich zum Markt errechnet wird. Die Volatilität wird im Kapitel »Volatilität« noch näher erläutert werden.

Wo finde ich die nötigen Daten?

Angaben zur Eigenkapitalrendite und zur Dividendendeckung entnehmen Sie bitte den Kapiteln »Dividendendeckung« und »Eigenkapitalrentabilität«.

Die Berechnung – die Theorie

Das Konzept der Bewertung von Unternehmen auf der Grundlage der reinvestierten Eigenkapitalerträge ist ausgesprochen eingängig. Auch für dieses Konzept bietet sich die Tabellenkalkulation an. Eine Tabelle mit den zur Berechnung nötigen Formeln können Sie von *www.magicnumbersbook.com* herunterladen.

Wenn Sie dann ein paar Zahlen aus dem Jahresabschluss und dem Geschäftsbericht eines Unternehmens hernehmen, hier und da eine kleine Entscheidung treffen und die Werte in die Tabelle einsetzen, so erhalten Sie eine realistische Vorstellung davon, ob die Aktien des Unternehmens einen attraktiven Wert darstellen oder nicht.

Abbildung 31.1 zeigt die verschiedenen Zahlen, die dem Jahresabschluss zu entnehmen sind, und ihren Einsatz bei der Tabellenkalkulation.

Die maßgeblichen Angaben in Bilanz und Gewinn-und-Verlust-Rechnung von Universal Widgets stellen sich folgendermaßen dar:

Ende des jüngsten zurückliegenden Jahres	Dez-00
Historisches Eigenkapital (Mio. £)	110,00
Durchschnittliches Eigenkapital (Mio. £)	100,00
Historischer Gewinn nach Steuern (Mio. £)	25,00
Historische Dividenden (Mio. £)	6,50
Historische Eigenkapitalrendite (%)	25,00
Selbstfinanzierungsquote	0,74
Rendite auf das reinvestierte Eigenkapital (%)	18,50

(£ Mio.)	Eigenkapital	Dividenden
Jahr 1	130,35	8,47
Jahr 2	154,46	10,04
Jahr 3	183,04	11,90
Jahr 4	216,90	14,10
Jahr 5	257,03	16,71
Summe	**61,22**	
Gewinn nach Steuern Jahr 5 (£ Mio.)	**64,26**	
Benchmark-Rendite (%)	5,4	
Implizierter Multiplikator	18,52	
Kapitalisierter Gewinn nach Steuern Jahr 5 (£ Mio.)	1 189,96	
Gesamtertrag einschl. Dividenden (£ Mio.)	1 251,17	
Aktuelle Marktkapitalisierung (£ Mio.)	450,00	
Prozentuale Anhebung (»Sicherheitsmarge«)	178,04	
Implizierte kumulierte Rendite in Prozent	22 %	

Die kursiv gedruckten Angaben sind vom Anwender einzufügen. Der Rest wird automatisch berechnet.

Um die in Abbildung 31.1 enthaltenen Werte näher zu erläutern, hier noch einmal eine Zusammenfassung:

Zunächst wird die historische Eigenkapitalrendite (ROE) berechnet. Das geschieht durch Teilung des Gewinns nach Steuern durch das durchschnittliche Eigenkapital. Das Ergebnis wird in Prozent ausgedrückt.

Das Modell ermittelt nun die Selbstfinanzierungsquote. Das ist der prozentuale Anteil des Gewinns nach Ausschüttung der Dividenden.

Die reinvestierten Erträge werden berechnet durch Multiplikation der ROE mit der Selbstfinanzierungsquote.

Dann werden anhand dieses Satzes die kumulierten Gewinne über fünf Jahre errechnet. Dabei geht man von einem proportionalen Anstieg der Dividenden aus.

Der Gewinn nach Steuern für das Jahr 5 wird entweder durch Hochrechnung der Dividende im Jahr 5 mit der Selbstfinanzierungsquote oder durch Anwendung der historischen Eigenkapitalrendite auf das Eigenkapital im Jahr 5 ermittelt. Das Ergebnis ist so oder so dasselbe.

Dann wird der Gewinn nach Steuern für das Jahr 5 mit dem Kapitalisierungsfaktor multipliziert. Das Ergebnis wird den kumulierten Dividenden zugeschlagen. So erhält man den Unternehmenswert für das Jahr 5.

Dieser wird mit der aktuellen Marktkapitalisierung verglichen, um zu ermitteln, wie viel Prozent jährliche Rendite erforderlich sind, damit die beiden gleichgesetzt werden können. Anders formuliert: Es wird ermittelt, ob die Aktien nach ihrem aktuellen Marktkurs zu urteilen langfristig billig oder eben teuer sind.

Die implizierte Rendite kann entweder auf der Basis von Zinseszinstabellen oder mithilfe eines Finanzrechners kalkuliert werden.

Wie sich zeigt, ist das Ergebnis in diesem Fall eine prognostizierte Rendite von knapp über 20 Prozent. Das reicht kaum, um die Anlage zu rechtfertigen.

Abbildung 31.2 zeigt, wie die fett gedruckten Zahlen aus diesem Auszug aus dem Jahresabschluss von San Miguel zur Kennzahl kombiniert werden. San Miguel ist eine auf den Philippinen ansässige Großbrauerei. Weitere Informationen finden Sie auf der unternehmenseigenen Website *www.sanmiguel.com.ph.*

Abbildung 31.2 Berechnung der Rendite auf reinvestierte Eigenkapitalerträge für San Miguel

San Miguel weist in seiner Bilanz und Gewinn-und-Verlust-Rechnung die folgenden relevanten Werte aus:

Ende des jüngsten zurückliegenden Jahres	**Dez.-99**
Historisches Eigenkapital (PHP Mrd.)	55,73
Durchschnittliches Eigenkapital (PHP Mrd.)	61,37
Historischer Gewinn nach Steuern (PHP Mrd.)	6,02
Historische Dividenden (PHP Mrd.)	2,76
Historische Eigenkapitalrendite (%)	9,81
Selbstfinanzierungsquote	0,54
Rendite auf das reinvestierte Eigenkapital (%)	5,31

(PHP Mrd.)	**Eigenkapital**	**Dividenden**
Jahr 1	58,69	2,64
Jahr 2	61,81	2,78
Jahr 3	65,09	2,93
Jahr 4	68,55	3,08
Jahr 5	72,19	3,25
Summe		**14,68**
Gewinn nach Steuern Jahr 5 (PHP Mrd.)		**7,08**
Benchmark-Rendite (%)		5,4
Implizierter Multiplikator		18,52
Kapitalisierter Gewinn nach Steuern Jahr 5 (PHP Mrd.)		131,14
Gesamtrendite einschl. Dividenden (PHP Mrd.)		145,81
Aktuelle Marktkapitalisierung (PHP Mrd.)		126,99
Prozentuale Anhebung (»Sicherheitsmarge«)		14,8
Implizierte kumulierte Rendite in Prozent		2,8

Die kursiv gedruckten Angaben sind vom Anwender einzufügen. Der Rest wird automatisch berechnet.

San Miguel reinvestiert einen relativ geringen Anteil seines Eigenkapitalertrags. Der Unternehmenswert auf der Grundlage eines Faktors

in der Größenordnung der risikofreien Renditen von US-Schatz-
papieren liegt danach bei 146 Milliarden PHP. Der aktuelle Marktwert
von San Miguel liegt bei 126,99 Milliarden PHP.

Die Bedeutung

Die Vorteile dieses Ansatzes liegen in der Einfachheit der Berechnung
und in der gebührenden Gewichtung der Bedeutung der Eigenkapitalrendite
für die Wertschöpfung zugunsten der Aktionäre. Diese kommt bei vielen
anderen Methoden zur Aktienbewertung zu kurz. Hier werden die Unternehmen lobend hervorgehoben, die einen hohen Anteil ihres Gewinns wieder
ins Unternehmen investieren. Außerdem ermöglicht diese Methode den
Einbezug marktbewährter Renditen in die Bewertung – anstelle von eher zu-
fälligen Variablen.

Doch der Ansatz hat auch seine Nachteile. Er funktioniert nur bei solchen
Unternehmen richtig gut, die einigermaßen durchschaubare Bilanzen haben
und deren Geschäft stetig wächst. Substanz- oder ertragsorientierte Anlagen
sind für diesen Ansatz weniger gut geeignet, können aber dennoch interessante Investmentgelegenheiten darstellen.

5.6 Volatilität

Die Definition

Die *Volatilität* ist ein statistisches Maß für die Fluktuationen des Kurses einer Aktie, eines Marktindex oder des Wertes einer beliebigen Anlage in der Vergangenheit. Generell schließt man daraus auf die mit der Anlage verbundenen Risiken. Je höher die Volatilität einer Anlage, desto größer das Risiko, durch Kauf und Verkauf Geld zu verlieren. Die Volatilität schwankt über längere Zeiträume. Sie ist darüber hinaus Schlüsselkomponente von Optionspreisen.

Die Formel und ihre Komponenten

Die Volatilität entspricht der Standardabweichung des Kurses einer Aktie, eines Index oder einer anderen Anlage. Die Standardabweichung ist ein Begriff aus der Statistik. Sie wird berechnet als Nebenprodukt der Regressionsanalyse. Die Berechnung erfolgt normalerweise anhand des Aktienkurses und der statistischen Funktionen, die Excel zur Verfügung stellt. Ein einsatzbereites Tabellenkalkulationsblatt zur Berechnung der Volatilität ist unter *www.magicnumbersbook.com* zu finden.

Ein schneller Weg zur ungefähren Ermittlung der Volatilität ist der folgende:

Volatilität = [(Hoch des Betrachtungszeitraums – Tief des Betrachtungszeitraums)/2] × 100/aktueller Aktienkurs

Man nimmt also die Hälfte der Differenz zwischen Höchst- und Tiefstand des betreffenden Zeitraums und drückt diese als Prozentsatz des Aktienkurses im selben Zeitraum aus (oder – streng genommen – des durchschnittlichen Aktienkurses).

Die Volatilität kann für jeden beliebigen Zeitraum berechnet werden. Die gewählte Zeitspanne sollte jedoch maximal der Frist entsprechen, bis zu der Sie die betreffende Anlage halten möchten.

Wo finde ich die nötigen Daten?

Daten zum Aktienkurs – Angaben zur Aktienkursen einschließlich ihrer Höchst- und Tiefststände der letzten 52 Wochen entnehmen Sie der einschlägigen Presse. Investment-Softwarepakete enthalten gewöhnlich Möglichkeiten zum täglichen Zugang zu Kursdaten für einzelne Aktien und Indizes. Links zu geeigneten Softwareanbietern finden Sie unter *www.magicnumbersbook.com*.

Daten zur historischen Kursentwicklung zum Herunterladen in Excel sind für eine ganze Reihe von Wertpapieren und Märkten kostenlos erhältlich unter *www.thomsonfin.com*. Es gibt auch verschiedene lokale Anbieter. Da die Volatilität eine Schlüsselkomponente von Optionspreisen darstellt, bieten auch verschiedene Optionsbörsen Volatilitätsdaten zu Optionen auf Aktien und Indizes an, die dort notieren.

Die Berechnung – die Theorie

Abbildung 32.1 zeigt die verschiedenen Zahlen, die benötigt werden, und ihren Einsatz zur Schätzung der Volatilität.

Abbildung 32.1 Berechnung der Kennzahl »Aktienkursvolatilität«

Zu Universal Widgets Inc. liegen folgende Kursdaten vor:

In den sechs Monaten bis Dezember 2000

Durchschnittlicher Aktienkurs	$20
Hoch und Tief im Betrachtungszeitraum	$27–17
Geschätzte Volatilität	**25 %**
(Rechenweg)	$[(27 - 17)2] \times 100/20$

Anders ausgedrückt: Die Differenz zwischen Höchst- und Tiefststand (10) wird durch 2 geteilt (= 5) und in Prozent vom Kurs angegeben.

Unternehmens-
kennzahlen
zu Risiko, Ertrag
und Volatilität

Abbildung 32.2 zeigt, wie die fett gedruckten historischen Kursangaben zum Nikkei-Index zur »Unternehmenskennzahl« kombiniert werden.

Abbildung 32.2 Berechnung der geschätzten Volatilität für den Nikkei-Index

---

Die Volatilität wird folgendermaßen geschätzt:

Im Verlauf des Jahres 2000 bewegte sich der Nikkei-Index in einer Spanne zwischen **20 505** als Ober- und **13 375** als Untergrenze. Am 22. Dezember 2000 schloss er bei **13 423**.

Die Berechnung funktioniert wie folgt:

50 % der Differenz zwischen Höchst- und Tiefststand	3 565
(Rechenweg)	(7 130/2)
Diese Zahl, ausgedrückt in Prozent des aktuellen Standes (also die geschätzte Volatilität)	26,55 %
(Rechenweg)	(3 565 × 100)/13 423

Aber ....

Das unten angefügte Chart zeigt die möglichst exakte Linie für den Nikkei für den Betrachtungszeitraum und eine weitere Linie, die eine Standardabweichung von der Linie der Ausgangswerte darstellt. Das würde bedeuten, dass die Volatilität in Wirklichkeit weit niedriger liegt, als die geschätzte Zahl andeutet (nämlich 820 Punkte oder 6 Prozent).

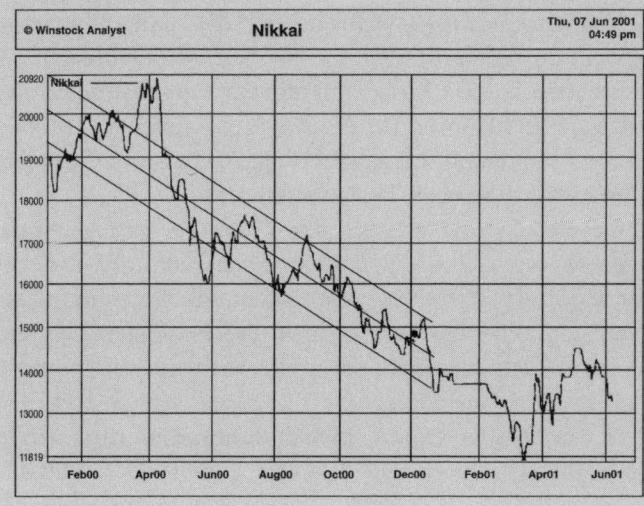

Das liegt daran, dass der Nikkei das ganze Jahr über kontinuierlich gefallen ist. Der Wert der Berechnung offenbart sich jedoch in dem Umstand, dass sich – mit wenigen seltenen Ausnahmen – der Kurs nicht weit von den Grenzen jeweils einer Standardabweichung beidseitig der Linie entfernt.

Die Bedeutung

An sich sollte die Volatilität intuitiv leicht zu erfassen sein. Dennoch finden viele Anleger das Konzept reichlich verwirrend. Jeder Investor weiß, dass manche Aktien stärkere Kursschwankungen zeigen als andere. Ebenso gibt es bei jeder Aktie mitunter extrem ruhige Phasen, in denen sich der Kurs kaum verändert. Aus unerfindlichen Gründen kann er dann plötzlich in hektische Bewegung verfallen.

Wie bereits erläutert, wird die Volatilität gewöhnlich als Prozentspanne ausgedrückt, innerhalb derer sich der Aktienkurs über einen Zeitraum von einem Jahr erwartungsgemäß während zwei Dritteln der Zeit bewegt. Eine Aktie mit einer Volatilität von 20 Prozent und einem Kurs von 100 Pence sollte demnach zwischen 80 und 120 Pence schwanken – wobei die Chance eines Ausbruchs aus dieser Spanne bei 1 zu 3 liegt.

Der nächste Schritt ist die Erkenntnis, dass eine bestimmte Aktie, die (bei sonst gleichen Voraussetzungen) volatiler ist, für den Anleger mit höheren Risiken verbunden ist. Der Grund dafür ist offensichtlich: Je größer die Volatilität, desto wahrscheinlicher kommt es, während sich die Aktie im Portfolio befindet, zu einer Bewegung, die den Anleger in die Verlustzone bringt.

Das Heikle daran ist jedoch, dass Kursdaten aus der Vergangenheit nicht notgedrungen zuverlässige Indikatoren für die Zukunft darstellen. Die oben dargestellten statistischen Methoden messen die Volatilität auf der Grundlage der vergangenen Kursentwicklung einer bestimmten Aktie.

Einen Anleger interessiert jedoch weniger, was in der Vergangenheit passiert ist, sondern vielmehr, wie sich die Volatilität in der Zukunft entwickeln dürfte. Software zur Optionspreisbildung ermöglicht die Berechnung der Volatilität, wie sie von den aktuellen Marktkursen der jeweiligen Optionen impliziert wird. Das kann auch nützlich sein, wenn man nur die zugrunde liegenden Aktien als solche im Portfolio hat.

Links zu Anbietern kostenloser Optionspreisbildungsprogramme finden Sie unter *www.magicnumbersbook.com*. Die Website enthält auch Links zu Online-Rechnern.

Die Volatilität kann sich aus den verschiedensten Gründen im Laufe der Zeit drastisch verändern, etwa aufgrund von Marktfaktoren und Ereignissen, die die zugrunde liegenden Aktien betreffen. Die Volatilitätszahl ist außerdem eine Schlüsselvariable bei der Berechnung risikobereinigter Renditen, wie sie die Sharpe Ratio ausdrückt – die letzte »Unternehmenskennzahl« in diesem Buch.

5.7 Sharpe Ratio

Die Definition

Die *Sharpe Ratio* (SR) ist eine Entwicklung des amerikanischen Theoretikers William Sharpe zur Berechnung der effektiven risikobereinigten Rendite einer Anlage. Sie wird ermittelt durch Abzug der risikofreien Rendite (siehe Rückzahlungsrendite/risikofreie Rendite) von der gesamten Jahresrendite einer Anlage. Das Ergebnis wird dann geteilt durch die Volatilität (siehe Volatilität) der betreffenden Anlage. So erhält man die Sharpe Ratio.

Die Formel

SR = (Jahresrendite einer Anlage – risikofreie Rendite)/Volatilität

Die Komponenten

Die Sharpe Ratio zielt ab auf das Verhältnis zwischen Risiko, Ertrag und risikofreier Rendite. Der Grundgedanke ist dabei, den zusätzlichen (oder »überschüssigen«) Ertrag zu berechnen, den eine Anlage über den risikofreien Satz hinaus erbringt, und ihn dann den mit der Anlage verbundenen Risiken gegenüberzustellen. Die Risiken sind in diesem Fall definiert als die Volatilität (oder Standardabweichung) der Rendite.

Jahresrendite – die prozentuale Veränderung des Kapitalwerts im Verlauf eines Jahres (einschließlich aller Dividenden- oder Zinserträge) beziehungsweise – falls die Rendite auf monatlicher Basis errechnet wird – die Monatsrendite mal zwölf.

Risikofreie Rendite – Nachdem höchst unwahrscheinlich ist, dass einer der G7-Staaten bezüglich seiner Schuldtitel in Zahlungsverzug geraten wird, ist die Kapitalrückzahlung – zum Nennwert – hier quasi bei Fälligkeit garantiert. Die Rückzahlungsrendite einer Anleihe eines G7-Staates ist daher ein Indikator dafür, was der Markt als risikofreie Jahresrendite für diesen Zeitraum betrachtet.

Volatilität – Sie ist die statistische Maßzahl für die Fluktuationen des Kurses einer Aktie, eines Marktindex oder einer anderen Anlage in der Vergangenheit. Sie wird generell auch stellvertretend für die mit dieser Anlage verbundenen Risiken herangezogen. Je höher die Volatilität einer Anlage, desto größer das Risiko, beim Handel mit ihr Geld zu verlieren. Die Volatilität entspricht der Standardabweichung des Kurses einer Aktie, eines Index oder einer anderen Anlage. Die Standardabweichung ist ein Begriff aus der Statistik und entsteht als Nebenprodukt bei der Regressionsanalyse. Die Berechnung erfolgt gewöhnlich anhand der Kursdaten der Aktie in der jüngeren Vergangenheit und der Statistikfunktionen, die in Excel enthalten sind. (Näheres im Kapitel Volatilität.)

Wo finde ich die nötigen Daten?

Jahresrendite – der Prozentsatz, um den sich der Kurs im Verlauf eines Jahres verändert, zuzüglich der Dividendenrendite (so vorhanden) bei einer Aktie oder der »Umlaufrendite« bei einer Anleihe. Sie ist anhand von den in Finanz- oder Börsenwebsites oder -presse erhältlichen Informationen zu ermitteln.

Risikofreie Rendite – ist in diesem Fall die Rückzahlungsrendite der entsprechenden Regierungsanleihe. Sie ist gewöhnlich einem Finanzblatt oder einer Website mit Anleiheinformationen zu entnehmen.

Volatilität – Sie wird für die fragliche Anlage berechnet oder geschätzt, wie im Kapitel »Volatilität« beschrieben.

Die Berechnung – die Theorie

Abbildung 33.1 zeigt, wie zwei verschiedene Anlagen anhand der Sharpe Ratio verglichen werden können.

Abbildung 33.1 Berechnung der Kennzahl »Sharpe Ratio«

Zwei separate Anlagen weisen die folgenden Merkmale auf:

	Universal Widgets	Allied Flanges
Jahresrendite	10 %	20 %
Volatilität	5 %	25 %
Risikofreie Rendite von 5 %		
Sharpe Ratio	**1,0**	**0,6**
(Rechenweg)	(10 – 5)/5	(20 – 5)/25

Mit anderen Worten: Zwar scheint die Rendite von Universal Widgets niedriger als die von Allied Flanges, doch die höhere Volatilität der zweiten Anlagevariante bedingt eine niedrigere Sharpe Ratio (risikobereinigte Rendite). Daher ist Universal Widgets die vernünftigere Anlage.

Abbildung 33.2 zeigt, wie verschiedene Kategorien von Hedgefonds anhand der Sharpe Ratio verglichen werden können. Die Zahlen stammen aus einer Website mit dem Titel *www.hedgeindex.com*, einem Gemeinschaftsprojekt von TASS-Tremont (einer Datenbank zur Performance von Hedgefonds) und der Investmentbank Credit Suisse First Boston.

Abbildung 33.2 Vergleich der Sharpe Ratios verschiedener Hedgefonds-Kategorien

Im Folgenden finden Sie die zur Wertentwicklung verschiedener Hedgefonds-Kategorien erhältlichen statistischen Angaben (die Zahlen dienen nur der Anschauung und stammen aus dem Credit Suisse First Boston Tremont Index LLC – *www.hedgeindex.com*).

Index-bezeichnung	Rendite	Standard-abweichung	Abweichung nach unten	Sharpe Ratio
CSFB Tremont Hedge Fund index	15,00	13,25	5,31	0,69
Convertible arbitrage	26,46	3,97	5,12	4,93
Dedicated short bias	0,24	26,27	24,34	−0,21
Emerging markets	15,04	23,19	15,06	0,4
Equity market neutral	15,06	2,19	3,33	4,19
Event driven	11,36	4,17	2,51	1,31
Fixed income arbitrage	7,2	1,19	1,42	1,11
Global macro	19,46	12,96	7,76	1,05
Long/short equity	19,07	22,23	11,21	0,59
Managed futures	−1,38	8,98	6,95	−0,81

Es wurden jeweils die Zahlen für die zwölf Monate bis November 2000 herangezogen.

Die Ergebnisse zeigen, wie Renditen und Risiken variieren und wie die Sharpe Ratio sie auf einen gemeinsamen Nenner bringt. So ist etwa die Rendite der »marktneutralen« Kategorie mit 15 Prozent nominell viel niedriger als die der Kategorie Arbitrage mit wandelbaren Wertpapieren (convertible arbitrage). Berücksichtigt man jedoch die höhere Volatilität, so sind die Sharpe Ratios der beiden Kategorien nahezu identisch (in beiden Fällen über 4 zu 1). Also erwirtschaften die »marktneutralen« Fonds ihre Rendite bei geringeren Risiken.

Die Bedeutung

Die Sharpe Ratio ist ein elegantes Konzept, das auf fast jede Anlage anwendbar ist, die eine Rendite abwirft und deren Volatilität berechnet werden kann. Sie wird häufig als Maßstab zur Bewertung von Hedgefonds eingesetzt, kann jedoch ebenso für Aktien oder Aktienmarktindizes verwendet werden.

Es gibt noch weitere Kennzahlen, die sich von der Sharpe Ratio ableiten.

Dazu gehört zum Beispiel die Sortino Ratio. Sie basiert auf der Grundannahme, dass dem Anleger nicht die Abweichung von der mittleren Rendite in die eine oder andere Richtung Sorgen macht, wie sie von der Standardabweichung (also der Volatilität) gemessen wird, sondern lediglich das Abfallen *unter* diesen Mittelwert. Die Sortino Ratio wird folglich genauso berechnet wie die Sharpe Ratio: Dabei steht im Zähler die übliche Rendite abzüglich der risikofreien Rendite.

Sie unterscheidet sich von der Sharpe Ratio einzig insofern, als im Zähler die Abweichung unter den Mittelwert oder unter ein willkürlich festgelegtes Renditeziel eingesetzt wird.

6 Anhang

So finden Sie die nötigen Informationen

Dieser Anhang soll es Ihnen erleichtern, sich die zum Einsatz und zur Berechnung der »Unternehmenskennzahlen« notwendigen Informationen zu beschaffen.

Wir konzentrieren uns dabei auf verschiedene Bereiche:

- Finanzportale für Aktienkurse und Basisdaten zu Märkten, einschließlich Marktkapitalisierung, Ertrag pro Aktie und Dividendendaten;
- Anforderung schriftlichen Materials von Unternehmen;
- offizielle Informationsquellen;
- Informationsbeschaffung über die unternehmenseigenen Websites zur Aktionärsbetreuung;
- nützliche Tabellen und Rechner.

Links zu allen erwähnten Websites finden Sie auch auf der Website unter *www.magicnumbersbook.com.*

Finanzportale

Ein Portal ist im Grunde nichts weiter als ein Tor zum Internet – eine Site, die Features und Links zu Ihrem Interessengebiet enthält sowie eine Suchfunktion und weitere Optionen. Manche Portale sind organisch aus so genannten »Suchmaschinen« wie *Alta Vista* oder *Lycos* erwachsen, andere wurden von Zeitungsverlagen ins Leben gerufen. Manche wurden eigens neu eingerichtet.

Als aktiver Anleger können Sie auf eine ganze Palette von spezialisierten Finanzportalen zurückgreifen. Sie sind nicht alle gleich aufschlussreich, doch sie befassen sich mit ähnlichen Themen.

Die meisten Finanzportale ermöglichen Ihnen den Zugriff auf die Börsenkurse von Unternehmen. Diese werden garniert mit Finanznachrichten und so genannten »Bulletin Boards«, über die Sie online mit anderen Anlegern in Kontakt treten können.

Unternehmenskennzahlen. Peter Temple.
Copyright © 2007 WILEY-VCH Verlag GmbH & Co. KGaA, Weinheim
ISBN 978-3-527-50298-1

Über Finanzportale erhalten Sie gewöhnlich Zugriff auf Kurscharts und auf Funktionen zur Überwachung eines oder mehrerer Portfolios oder »Watch Lists«. Die Zusammenstellung einer Liste von Unternehmen, für die Sie sich interessieren, und deren regelmäßige Überprüfung ist eine gute Methode zum Verfolgen von Kursen und Nachrichten.

Für die Erstellung einer solchen Watch List benötigen Sie unter Umständen die Börsenkürzel (Tickersymbole) der entsprechenden Unternehmen. Die verschiedenen Sites unterscheiden sich danach, wie leicht Daten eingegeben und verändert werden können. Manche Sites ermöglichen sogar den Abruf von Daten zu Watch Lists über mobile Geräte wie WAP- oder 3G-Handys oder mobile PDAs.

Informationen über einzelne Unternehmen (auch Abschlussdaten) sind normalerweise ebenfalls über Finanzportale zugänglich. Die Websites verfügen häufig über Links zu weiteren Finanzdaten oder Bulletin-Board-Kommentaren direkt von der Kursseite aus.

Im Folgenden finden Sie ein paar Beispiele für Websites, die umfassende Informationen zu Unternehmen und Märkten anbieten und Ihnen sicher nützlich sein werden.

Bloomberg *(www.bloomberg.com)* ist für die Lokalisierung seiner populären Nachrichteninhalte zu einzelnen Märkte bekannt, was auch für seine Webpräsenz gilt. Design und Gestaltung der Site sind für alle Märkte ähnlich. Häufig werden die Informationen in der Landessprache angeboten. Englischsprachige Sites sind unter *www.bloomberg.co.uk* und *www.bloomberg.com/asia/* zu erreichen.

GlobalNet Financial ist ein Anbieter von Finanzinformationen mit Sitz in Los Angeles. Geboten wird eine ganze Reihe von Sites zu einzelnen lokalen Märkten, darunter USA, Großbritannien, Niederlande, Frankreich, Schweden, Singapur, Hongkong und viele mehr. Die meisten Sites sind in der Landessprache verfasst. Sie sind sämtlich untereinander verknüpft. Ein guter Ausgangspunkt ist *www.uk-invest.com*.

Die Inhalte sind auf den Privatanleger abgestellt. Die Sites enthalten einen laufenden Kursticker, Kommentare führender Experten, Portfolios, Aktiencharts, Bulletin Boards, ein ausgesprochen hoch entwickeltes Charting Tool auf Java-Basis und weitere Ressourcen.

Von einem Ort aus sind Informationen über eine breite Palette von Märkten zugänglich. **MarketXS** *(www.marketxs.com)* bietet detaillierte Unternehmensinformationen zu einer ganzen Reihe von Märkten in Nordamerika und Europa. Für die Nutzung dieser Site benötigen Sie nicht die lokalen Tickersymbole.

Market Eye *(www.marketeye.com)* ist vor kurzem in *www.thomsonfin.com* aufgegangen. Diese Website deckt ein breites Spektrum von Märkten ab und ist ausgesprochen benutzerfreundlich. Neue Nutzer müssen sich registrieren lassen. Der Abruf bestimmter Inhalte ist gebührenpflichtig.

Die »Market Focus«-Abteilung von **Comdirect** bietet hervorragende Momentaufnahmen einer Fülle von internationalen Märkten, Indizes und ihren Bestandteilen. Wer Englisch spricht, kann die Site über *www.comdirect.co.uk* aufsuchen. Um die Site zu besuchen, müssen Sie übrigens nicht Kunde des Maklerhauses sein. Zu den abgedeckten Märkten gehören alle wichtigen Märkte Asiens, Europas und Nordamerikas.

Interactive Investor International bietet unter *www.offshore.net* eine Website an, die speziell die Interessen von Offshore-Ansässigen und -Anlegern abdeckt. Zusätzlich zur Mutter-Site unter *www.iii.co.uk* gibt es noch Versionen in englischer Sprache für Asien unter *www.iii.com.hk* und Südafrika unter *www.iii.co.za.*

FTMarketWatch *(www.ftmarketwatch.com)* bietet umfassende Informationen über alle maßgeblichen Aktienmärkte der Welt und die Unternehmen, die dort gehandelt werden – einschließlich Kursdaten und Unternehmensinformationen, die zum Großteil zur Berechnung der »Unternehmenskennzahlen« herangezogen werden können.

Zu den interessantesten britischen Sites gehört **ADVFN** *(www.advfn.com).* Sie bietet Echtzeitkurse für britische Aktien und ergänzend allen Portal-Komfort wie aktive Bulletin Boards. Das Unternehmen verfügt auch über eine Site in französischer Sprache *(www.advfn.fr).* Eine weitere für Japan ist im Aufbau.

Yahoo! Finance bietet eine breite Palette von Sites in den Landessprachen für verschiedene internationale Märkte, die alle im Großen und Ganzen ähnlich gestaltet sind. Der Schwerpunkt liegt auf Finanznachrichten und standardisierten Unternehmensinformationen. Starten Sie mit *http://finance.yahoo.com.*

Wer sich für nach islamischer Auffassung solide Finanzinformationen oder Anlagen interessiert, kann sich bei **IslamIQ** *(www.islamIQ.com)* umschauen sowie auf den angeschlossenen Sites. Sie finden dort Informationen über Aktienanlage und private Finanzen. Diese Site ist ein einzigartiges englischsprachiges Angebot für Muslime. Konventionelle Kursticker werden beispielsweise ergänzt durch automatische Hinweise darauf, ob ein Unternehmen nach islamischen Gesichtspunkten solide ist oder nicht. Die Sites enthalten darüber hinaus ausführliche Nachrichten zu den finanziellen Entwicklungen in der islamischen Welt.

Zu den spezifisch asiatischen Portalen gehören: **Quamnet** *(www.quamnet.com)* mit Echtzeit-Notierungen, Charts, News und einem tagesaktuellen Marktkommentar. Außerdem werden Analysen und ausführliche Nachrichten zu verschiedenen Branchen angeboten sowie eine spezielle Seite mit Tools für Anleger. Die 1998 in Hongkong gestartete Site enthält auch eine Liste der Kolumnenautoren, die zum Teil per E-Mail befragt werden können. **Stockhouse** *(www.stockhouse.com)* bietet verschiedene Sites an, darunter Versionen für Singapur, Australien und Japan. Die Sites enthalten News, Unternehmensprofile, Maklerberichte und Interviews. Manche der Inhalte sind allerdings gebührenpflichtig. Die Gratismitgliedschaft umfasst Bulletin Boards, Portfolio-Überwachung und E-Mail-Benachrichtigung über Unternehmens- und Marktnachrichten und Portfolio-Aktualisierungen.

Anforderung schriftlichen Informationsmaterials

Die Unternehmen sind gewöhnlich dazu verpflichtet, ihren Aktionären den Jahresabschluss zuzuschicken. Oft senden sie auch Exemplare an andere interessierte Investoren. Ein Anruf bei der Verwaltung oder der Aktionärsbetreuung oder auch nur in der Telefonzentrale sollte genügen, um ein Exemplar zu erhalten.

Oft enthalten die Websites der Unternehmen die E-Mail-Adresse der Aktionärsbetreuung. Eine Tabelle mit einer Liste führender britischer, europäischer und US-amerikanischer Unternehmen, die diesen Service anbieten, finden Sie unter *www.magicnumbersbook.com*.

Eine schlichte E-Mail-Nachricht mit der Bitte um ein »Anlegerpaket« oder ein Exemplar des aktuellen Geschäftsberichts unter Angabe Ihrer Postadresse sollte genügen.

World Investor Link ist eine unabhängige Organisation, die mit führenden Wirtschaftszeitungen in aller Welt zusammenarbeitet und sich mit dem kostenlosen Versand der Geschäftsberichte aller beteiligten Unternehmen an jeden Interessierten befasst. Einzelheiten zur Kontaktaufnahme mit WIL finden Sie in Ihrer lokalen Wirtschaftszeitung oder in der *Financial Times* oder dem *Wall Street Journal*. Berichte können per Telefon, Fax, E-Mail oder von der Website von WIL unter *www.wilink.com* angefordert werden.

Liegen Ihre persönlichen Daten einmal vor, so brauchen Sie sie – vorausgesetzt, Sie nutzen denselben Computer – nicht jedes Mal bei Bestellung eines weiteren Pakets von Geschäftsberichten neu einzugeben. Das Material (so vorrätig) wird Ihnen innerhalb weniger Tage zugestellt. Das System funktioniert hervorragend, wenn sich auch bislang nur wenige asiatische Unternehmen daran beteiligen.

Informationen von offiziellen Stellen

Organisationen zur amtlichen Registrierung von Unternehmen wie die Securities and Exchange Commission in den USA oder das britische Companies House gehen verstärkt zur elektronischen Sammlung und Verteilung von Informationen über. Die USA sind dem Rest der Welt hier deutlich voraus. Die **EDGAR**-Site (EDGAR für »Electronic Data Gathering of Annual Returns) ist zugänglich unter *www.sec.gov/edgarhp.htm*. Es existieren jedoch inoffizielle EDGAR-Sites, die benutzerfreundlicher sind. Versuchen Sie es doch einmal mit dem **10KWizard** unter *www.10kwizard.com* und Edgar-Online *(www.edgar-online.com)*. Ein 10K-Report ist ein detailliertes Dokument im Stil eines Geschäftsberichts, das alle US-amerikanischen Unternehmen ab einer bestimmten Größe einreichen und veröffentlichen müssen. Einfache Quartalsberichte tragen die Bezeichnung 10Q.

Das britische **Companies House** ermöglicht mittlerweile die Online-Anforderung von Unternehmensabschlüssen (über zwei Jahre) unter seiner Web-Adresse *www.companieshouse.gov.uk* für 5 Pfund pro Exemplar, zahlbar mit Kreditkarte. Die Unterlagen können dann heruntergeladen und ausgedruckt werden.

Ansonsten bieten auch verschiedene Börsen-Websites Links zu den Jahresabschlusszahlen börsennotierter Unternehmen. Eine Liste der größeren Börsenplätze ist unter dem Stichwort »markets« auf der Website des Autors unter *www.linksitemoney.com* einzusehen.

Sites mit Schwerpunkt auf Asien, die ausführliche Unternehmensinformationen bieten, sind unter anderem:

AnnualReport.com.hk *(www.annualreport.com.hk)*. Diese Site bietet Geschäftsberichte, neueste Unternehmensnachrichten und Research-Daten, einen Marktkommentar, kostenlose E-Mail-Benachrichtigung und IPO-News, sämtlich für in Hongkong notierte Unternehmen.

Finet *(www.finet.com.hk)*. Dabei handelt es sich ebenfalls um eine Datenbank zu Unternehmen in Hongkong. Sie enthält Unternehmensprofile, Berichte zur Geschäftslage und aktuelle Bekanntmachungen, Kurzfassungen von Jahresabschlüssen und Analysen.

Asiaweek *(www.cnn.com/ASIANOW/asiaweek)*. Diese Site liefert eine Liste der 1 000 nach Umsatz in Millionen US-Dollar führenden Unternehmen. Eine detaillierte Datenbank zu asiatischen Unternehmen ist für 395 US-Dollar zu haben.

Die Beschaffung von Informationen über Unternehmens-Websites

Fortschrittliche Unternehmen nutzen ihre Websites zunehmend zur Verbreitung von Informationen an Aktionäre, Presse und andere Interessierte. Viele Sites enthalten eine Fülle von Daten, darunter Geschäftsberichte zum Herunterladen oder Online-Einsehen, Einzelheiten über Präsentationen vor Analysten, Pressemitteilungen, Kursdaten und -charts sowie viele weitere Informationen.

Die Websites der Unternehmen haben unterschiedliche Qualität. Eine Zusammenfassung der erhältlichen Daten für die Unternehmen, die in den in diesem Buch verwendeten Beispielen vorkommen, liefert die folgende Tabelle. Eine Liste mit Website-Adressen von führenden Unternehmen aus den USA, Großbritannien und Europa ist unter *www.magicnumbersbook.com* zu finden. Links zu den entsprechenden Sites sind auch in der Website des Autors unter *www.linksitecorporate.com* enthalten.

Nützliche Tabellen und Rechner

Ein Rechner zur Kennzahlenanalyse ist auf der *Magic-Numbers*-Website unter *(www.magicnumbersbook.com)* zu finden und ebenso die Modelle für die Berechnung des diskontierten Cashflows, der Rendite auf die reinvestierten Eigenkapitalerträge und der Volatilität, wie in Teil 5 des Buches angegeben. Voraussetzung für die Bearbeitung der Tabellenkalkulationsblätter ist Excel Version 5 oder höher.

Diese und eine ganze Reihe weiterer Tabellen und Links zu Investment-Software zum Herunterladen zur Anfertigung von Charts, zur Optionspreisbildung, zum persönlichen Finanzmanagement und zu anderen Themen sind ebenfalls auf der »Software«-Seite des Autors unter der Adresse *www.linksitemoney.com* zu finden.

Unternehmen	Internetadresse	Grafik	Geschäfts-bericht erhältlich	Informa-tionen zu Ergebnissen erhältlich	Sonstige Pressemit-teilungen	Präsen-tationen	Echtzeit-Aktienkurs	Kurschart	E-Mail-Kontakt zur Aktionärs-betreuung	Links	Firmensitz
Ajinomoto	www.ajinomoto.com	niedrig	ja	nein	nein	nein	nein	nein	nein	ja	Japan
BP Amoco	www.bpamoco.com	niedrig	ja	ja	ja	ja	ja	ja	ja	ja	Großbritannien
Chugoku Electric Power	www.energia.co.jp	niedrig	ja	nein	ja	nein	nein	nein	nein	nein	Japan
DaimlerChrysler	www.daimler-benz.com	niedrig	ja	ja	ja	ja	ja	ja	ja	ja	Deutschland
Great Universal Stores	www.gusplc.co.uk	niedrig	ja	ja	ja	nein	ja	nein	nein	ja	Großbritannien
Hutchison Whampoa	www.hutchison-whampoa.com	niedrig	ja	ja	ja	nein	nein	nein	nein	ja	Hongkong
Interactive Investor International	www.iii.co.uk	niedrig	ja	ja	ja	ja	ja	ja	ja	ja	Großbritannien
Kingfisher	www.kingfisher.co.uk	niedrig	ja	ja	ja	ja	ja	ja	ja	ja	Großbritannien
McDonald's	www.mcdonalds.com	mittel	ja	ja	ja	ja	ja	ja	ja	ja	USA
NTT	www.ntt.co.jp	niedrig	ja	ja	ja	ja	ja	ja	ja	ja	Japan
RWE	www.rwe.com	mittel	ja	ja	ja	ja	ja	ja	ja	ja	Deutschland
San Miguel	www.sanmiguel.com.ph	niedrig	ja	nein	ja	nein	nein	nein	nein	ja	Philippinen
Singapore Telecom	www.singtel.com	niedrig	ja	ja	ja	nein	nein	nein	ja	ja	Singapur
Solvay	www.solvay.com	niedrig	ja	ja	ja	ja	ja	ja	ja	ja	Belgien
Yahoo!	www.yahoo.com	niedrig	ja	ja	ja	ja	ja	ja	ja	ja	USA

7 Danksagung

Meine Karriere in der Finanz- und Börsenwelt begann zu einer Zeit, als man – zumindest in London – die Wissenschaft und Kunst der Unternehmensanalyse noch »praktisch« erlernte. Verschiedene Kollegen, zu viele an der Zahl, um sie alle namentlich zu erwähnen, haben zu meinem Verständnis der Art und Weise beigetragen, wie Unternehmensbilanzen zu analysieren sind.

Ein Mann, der unbedingt genannt werden sollte, ist Jeremy Utton von der britischen Finanzverlags- und Vermögensverwaltungsgesellschaft Analyst plc. Ganze zehn Jahre lang war ich als Autor für das Flaggschiff unter Jeremys Publikationen tätig, und seine Sichtweise der Unternehmensanalyse war mir stets eine unschätzbare Hilfe.

Die Idee zu diesem Buch entstand im Gespräch mit Nick Wallwork, meinem Verleger bei John Wiley & Sons (Asien). Ich möchte ihm danken, dass er mir den Weg gewiesen hat zur tieferen Ergründung der Frage, wie finanzwirtschaftliche Kennzahlen dem durchschnittlichen Anleger näher zu bringen sind. Die zuständigen Redakteure bei Wiley, zunächst Gael Lee und später Janis Soo, haben das Buch geduldig und effizient bis zur Veröffentlichung begleitet. Edward Caruso hat den Text stilsicher gegengelesen und ausgefeilt.

Doch ich möchte auch all jenen danken, deren Arbeiten ich in diesem Buch verwendet habe: Die Monitorbilder wurden mit freundlicher Genehmigung von Data Dynamics, Calculatorweb und Winstock Software übernommen. Die Tabelle zum abgezinsten Cashflow, die in Abschnitt 30 wiedergegeben ist, ist eine Abwandlung der ursprünglich von Bob Costa erstellten Vorlage.

Meine Frau Lynn leistet mit ihrer Recherchearbeit einen wichtigen Beitrag zu all meinen Büchern. In diesem Fall gebührt ihr besonderer Dank für die Durchforstung der Websites zu weiterführenden Informationen über Unternehmen und Märkte. Hinweise darauf finden sich hauptsächlich im Anhang.

Schließlich gilt mein Dank noch Simon London, ehemals Redakteur für Finanzfragen von Privatkunden bei der *Financial Times*. Er ist heute für das Blatt in San Francisco tätig. Simon gab eine dreizehnteilige, wöchentlich erscheinende Artikelreihe in Auftrag, die so manche der in diesem Buch verarbeiteten Ideen enthielt. So konnte ich einen Teil meines Materials am ahnungslosen britischen Leser austesten. Glücklicherweise war die Reaktion positiv.

Es erübrigt sich wohl der Hinweis, dass alle Fehler und Unterlassungen, die etwa noch enthalten sein sollten, allein in meiner Verantwortung liegen.

Peter Temple
Juli 2001

Register

Unternehmenskennzahlen. Peter Temple.
Copyright © 2007 WILEY-VCH Verlag GmbH & Co. KGaA, Weinheim
ISBN 978-3-527-50298-1

Eigenkapitalrendite siehe Eigenkapital-
  rentabilität
Eigenkapitalrentabilität 90, 91, 135-140, 207,
  208
Enterprise Value siehe Unternehmenswert
EPS (Earnings per Share) siehe Ertrag pro
  Aktie
Erhaltungsinvestitionen, Ausgaben für 156,
  157
Ertrag 179-181
Ertrag pro Aktie 25, 26, 38, 61, 62, 77-82, 84
EV (Enterprise Value) siehe Unternehmens-
  wert
EV/EBITDA 14, 49-54

f

Fälligkeitstermin 184
FAS (fixed asset spending) siehe Anlagevermö-
  gen, Ausgaben für FCF (free cashflow) siehe
  Cashflow, frei verfügbarer
Finanzportale 227-228
Finet 231
Fixed asset spending siehe Anlagevermögen,
  Ausgaben für Forderungen aus Lieferungen
  und Leistungen siehe Debitoren
Forderungslaufzeit siehe Debitorenziel
Free cashflow siehe Cashflow, frei verfügbarer
Fremdkapital 19, 20, 50, 111, 112
Fremkapitalkosten 196, 197
FT MarketWatch 229

g

Gesamtrendite 35
Gewinn vor Steuern 66, 67, 71, 72
Gewinn vor Zinsen und Steuern 130
Gewinn- und Verlustrechnung 61-63, 65
Gewinnspanne 65, 70
  vor Steuern 65
Gewinnspannen siehe Spannen
GlobalNet Financial 228
Goodwill-Abschreibungen 51
Great Universal Stores 34, 68-69, 70, 144-145,
  150-151, 169-170, 233
GUS siehe Great Universal Stores

h

Hagstrom, Robert 206
Handelsspanne siehe Gewinnspanne
Hedgefonds 224
Hochrechnungsfaktor 32, 33
Hutchison Whampoa 233

i

Interactive Investor International 126-127, 229,
  233
Internal rate of return siehe Zinsfuß, interner
IRR (internal rate of return) siehe Zinsfuß,
  interner
IslamIQ 229

j

Jahresrendite, 221, 222
Jahresumsatz 43, 44, 100, 101, 105, 106

k

Kapital, durchschnittlich eingesetztes 130
Kapitalisierungsfaktor 208
Kapitalkosten, gewichteter Durchschnitt der
  179, 195-198
Kapitalrentabilität 90, 129-134
Kennzahlen,
  cashflow-basierte 11, 154
  gewinnbasierte 11
  marktbasierte 11
KBV siehe Kurs-Buchwert-Verhältnis
KGV siehe Kurs-Gewinn-Verhältnis
Kingfisher 107-108, 109, 138-139, 233
Kreditoren 100
Kreditorenlaufzeit siehe Kreditorenziel
Kreditorenziel 90, 91, 99-104, 108
Kundenziel siehe Debitorenziel
Kurs-Buchwert-Verhältnis 14, 55-59
Kurs-Cashflow-Verhältnis 153-154, 173-178
Kurs-Gewinn-Verhältnis 13, 14, 25-30, 35, 37
Kurs-Liquiditäts-Verhältnis 90, 117-122
Kurs-Umsatz-Verhältnis 14, 43-47

l

Lagerbestand siehe Vorräte
Lagerumschlag 90, 91
Laufzeit 184
Lebensmitteleinzelhandel 70
Liquidität
  dritten Grades 90, 93, 95, 96
  ersten Grades 90, 93, 95, 96
Liquiditätskennzahlen 93-98

m

Margen siehe Spannen
Market Eye 229
MarketXS 228
Marktkapitalisierung 13, 15-18, 22, 43, 117, 196
Marktwert 197